Who am I

Who am I

발행일 2026년 1월 21일

지은이 최완섭, 이영미
펴낸이 손형국
펴낸곳 (주)북랩

출판등록 2004. 12. 1(제2012-000051호)
주소 서울특별시 금천구 가산디지털 1로 168, 우림라이온스밸리 B동 B111호, B113~115호
홈페이지 www.book.co.kr
전화번호 (02)2026-5777 팩스 (02)3159-9637

ISBN 979-11-7598-088-4 03400 (종이책) 979-11-7598-089-1 05400 (전자책)

본 도서는 (주)북랩이 보유한 리코 인쇄 장비 등 자체 생산 인프라를 통해 제작되었습니다.

생명 전체의 역사로 다시 보는 의식

Who am I

최완섭 • 이영미 지음

머리말

✦

우리는 지금, 과학과 기술이 인간 존재의 본질에 다가서는 전례 없는 문턱에 서 있습니다. 한때 오직 철학의 몫이라 여겨졌던 질문 '나는 누구인가'는 이제 신경과학, 인공지능 그리고 양자기술이라는 첨단의 언어로 새롭게 쓰이고 있습니다.

그중에서도 의식이라는 주제는 오랫동안 미스터리로 남아 있었습니다. 의식은 너무도 익숙하면서도, 동시에 설명하기 어려운 현상입니다. 그러나 기술의 놀라운 발전은 그 경계를 조금씩 허물고 있습니다. 이제 우리는 의식이라는 오래된 수수께끼를 과학의 언어로 탐구할 수 있는 시대를 맞이하고 있습니다.

이 책은 의식에 대한 이해가 어떻게 발전해 왔는지 그리고 지금 우리는 그 여정의 어디쯤 와 있는지를 함께 살펴보고자 합니다. 더불어 이 미지의 영역이 품고 있는 잠재력과 미래의 가능성에 대해서도 이야기하고자 합니다.

2025년 노벨상 수상자 키타가와는 "쓸모없어 보이는 것에서 유용성을 발견하는 것이 연구의 원동력"이라고 말했습니다. 그의 통찰은 의식 연구에도 깊이 닿아 있습니다. 오늘날 과학은 아직 의식을 완전히 이해할 도구를 갖추지 못했습니다. 우리의 상황은 마치 〈해리 포터〉에 등장하는 헤르미온느의 마법 가방과 같습니다. 수많은 도구가 그 안에 들어 있지만, 정작 꺼내 쓸 수 있는 것은 아직 제한적입니다. 그래서 의식을 과학적으로 탐구하려는 시도는 때로 무모해 보이기도 하고, 불필요한 일처럼 여겨지기도 했습니다.

하지만 변화의 흐름은 이미 시작되고 있습니다. 2024년 노벨상을 받은 인공지능은 단백질의 3차원 구조를 정확히 예측하며 생명의 비밀을 푸는 새로운 길을 열었습니다. 이어 2025년 노벨상을 수상한 양자컴퓨터와 양자기술의 상용화가 현실이 되면서, 인공지능의 학습 속도는 비약적으로 향상될 것입니다. 그 결과, 인류는 그동안 풀지 못했던 복잡한 문제들을 해결할 가능성 앞에 서게 되었습니다.

이러한 새로운 도구들은 이제 우리에게 묻습니다. 고통, 기쁨, 색깔, 냄새에 대한 의식적 경험은 뇌의 생체전기 활동과 어떻게 연결될까. 물리적인 것이 어떻게 비물리적이고 주관적인 의식 상태를 일으킬 수 있을까. 이러한 질문들은 뇌의 물리학과 현상적 경험 사이의, 메울 수 없을 것처럼 보이던 간극을 다리 놓을 새로운 시대가 도래하고 있음을 보여 주고 있습니다.

의식은 여전히 복잡하며, 그 본질은 안개 속을 걷는 듯한 불확실함에 싸여 있습니다. 그러나 바로 그 불완전함과 난해함 속에 인간 이해의 가장 깊은 가능성이 숨어 있습니다. 의식은 더 이상 학문적 호기심에 머물지 않습니다. 그것은 이제 삶의 경계를 다시 그리는 도전이자, 인류의 미래 이야기를 만들어 가는 중심축이 되고 있습니다.

비록 지금 우리가 가진 도구는 완전하지 않지만, 그 부족함은 곧 여백입니다. 그리고 바로 그 여백이 새로운 발견을 가능하게 합니다. 의식은 '무엇을 아는가'라는 질문을 넘어 '나는 누구인가'라는 근원적 물음으로 우리를 이끕니다. 이 책이 그 여정의 작은 출발점이 되기를 바랍니다. 그리고 그 여정은 바로 지금, 이 순간부터 시작됩니다.

최완섭 · 이영미

차례

2부 뇌의 연결 고리

3부 정의와 철학적 논의

4부 기술적 전망과 최면

1부

생명의 진화와 탄생

수족관 앞에서

차를 정비소에 맡기고 나오는 길,
기름 냄새와 쇳소리가 아직 남아 있었다.
무심코 걷던 발걸음이
횟집 앞 작은 수족관에서 멈췄다.
물속은 고요했다.
햇빛이 물결 위로 부서지고,
물고기들은 천천히, 시간을 잊은 듯 떠다녔다.
그중 하나가 나를 바라보고 있었다.
그 눈동자와 마주친 순간
투명한 눈동자 속에는
설명할 수 없는 깊이가 있었다.
그 짧은 시선 속에서
이전에 느껴 보지 못한 감정이
물결처럼 가슴을 흔들었다.
그 눈은 말없이
무언가를 알고 있는 듯했다.
물고기가 생각을 하고 있는 것 같았다.

그 눈 속에는
말 없는 의식의 흔적이 있었다.
정적 속에서,
나는 그 존재와 연결된 듯한 기분에 휩싸였다.
나는 묘한 감정에 눈을 피했다.
그 눈빛은 오래도록 남아
내 안의 고요를 흔들었다.
그 순간 이후,
나는 종종 그 눈을 떠올린다.
말 없는 생명과의 짧은 교감,
그 울림은 지금도 내 안에서
조용히 반짝이고 있다.

언제 처음 등장했는가

✦

기원전 8세기, 트로이 전쟁의 이야기를 다룬 호메로스의 『일리아스』와 『오디세이아』를 깊이 들여다보면, 그 속 인물들이 오늘날 우리가 이해하는 자기 자신이라는 개념과는 전혀 다른 방식으로 움직이고 있음을 발견하게 됩니다. 그들의 분노와 용기, 결단은 내면의 갈등이나 자유로운 의지에 따른 선택이라기보다 하늘 위에 군림하는 신들의 뜻에 따라 좌우되는 운명의 흐름 속에 놓여 있습니다.

신들의 의지는 때로는 이해할 수 없고, 때로는 변덕스러우며, 예측할 수 없는 바람처럼 인간의 삶을 이리저리 흔들어 놓습니다. 이 세계에서 인간은 단순한 자율적 존재가 아니라 거대한 신들의 서사 속에서 움직이는 하나의 조각으로 그려집니다. 인간의 행동은 내면의 자율적 판단이 아니라 외부의 신적 개입으로 결정되며, 이는 오늘날 우리가 말하는 자기의식이나 자기 결정과는 거리가 있습니다.

이렇듯 고대 그리스 서사시는 인간 내면의 복잡한 심리보다는 신과 인간 사이의 관계 그리고 신의 뜻에 따라 좌우되는 인간 운명의 비극성을 강하게 드러냅니다. 인간은 자신의 삶을 온전히 통제할 수 없는 존재며, 그 삶은 신들의 변덕과 계시에 따라 흔들리는 운명의 조각처럼 묘사됩니다.

이런 점을 생각해 보면, 호메로스의 영웅들, 트로이의 전사들과 오디세우스의 동료들조차도 어쩌면 우리가 아는 방식으로는 자기 자신을 경험하지 않았을지도 모른다는 상상이 가능해집니다. 실제로 어떤 학자들은 우리가 말하는 의식이 어느 날 갑자기 주어진 것이 아니라 서서히 진화했을 가능성을 열어 주고 있습니다.

예를 들어, 신석기 시대의 매장 관습을 살펴보면 인류는 이미 오래전부터 죽음 너머의 세계를 상상하고, 눈에 보이지 않는 내면의 존재를 인식했을 가능성을 보여 줍니다. 단순한 유골이 아닌, 꽃과 도구, 음식까지 함께 묻힌 흔적들은 당시 사람들 또한 나름의 영혼 혹은 정신적 실체를 믿었음을 암시합니다. 비록 문자가 없던 시절이지만, 그들의 세계관엔 이미 마음과 의식의 존재를 인정했음을 시사합니다. 이러한 맥락에서 본다면 의식에 대한 질문은 단지 현대 과학이나 철학만이 아니라 인간이라는 존재가 처음으로 자신을 돌아본 순간부터, 즉 생명의 탄생과 함께 시작된, 가장 오래되고도 깊은 물음일 수 있습니다.

오늘날 과학은 이 오래된 질문에 다시 불을 지피고 있습니다. 의식은 왜 그리고 어떻게 생겨났는가. 의식은 언제 처음 세상에 등장했는가. 우리는 어느 생명체까지를 의식이 있는 존재로 봐야 하는가. 무게를 가진 물질인 뇌가 어떻게 느끼는 나라는 주관적 경험을 만들어 낼 수 있는가.

이러한 질문은 곧 진화의 초기 단계로 거슬러 올라가 의식이라는 현상이 과학적으로 어떻게 시작되었느냐는 문제로 이어집니다. 이에 대해 과학자 파인버그는 이 여정의 출발점을 약 5억 년 전으로 돌려놓습니다. 캄브리아기의 바다는 폭발적인 생명의 다양성으로 뒤덮여 있었고, 그 속에서 복잡한 신경계와 최초의 뇌가 등장했습니다. 그는 바로 이 시점에 의식이라는 생명의 신비 또한 처음으로 모습을 드러냈다고 말합니다. 즉, 바닷속 작은 생명체가 외부 세계를 인식하고, 고통을 피하며, 선택하기 시작한 그 순간부터 아주 작지만, 거대한 자각의 불꽃이 처음으로 타오르기 시작한 순간입니다.

이러한 관점에서 보면 생명의 여정은 단순한 반사 행동에서 시작해 마침내 느끼는 존재에 이르렀습니다. 생물학적 반응은 오랜 세월에 걸쳐 주관적 경험을 품은 내면세계로 진화했고, 이 흐름 속에서 의식이라는 신비한 불꽃이 점차 타오르기 시작한 것이라고 볼 수 있습니다.

이 이론은 의식이 인간이나 고등 포유류만의 전유물이 아닐 수도 있다는 흥미로운 생각에서 출발합니다. 물속을 헤엄치는 물고

기, 땅 위를 기어다니는 파충류, 하늘을 나는 새, 진흙 속에서 사는 양서류까지 모든 척추동물이 각자 나름의 방식으로 세상을 느끼고 해석하는 존재일 가능성이 있음을 시사합니다. 더 나아가 곤충이나 갑각류, 심지어 문어 같은 일부 무척추동물도 특정 조건에서는 의식의 문턱을 넘을 수 있다는 주장까지 등장합니다. 이 이야기를 할 때 빠지지 않고 등장하는 존재가 바로 문어 파울입니다.

2010년 남아프리카 월드컵, 전 세계의 눈이 경기에 쏠려 있던 그때 독일의 한 수족관에서는 놀라운 예측이 이어졌습니다. 파울이라는 이름의 문어가 매 경기 두 국기가 그려진 상자 중 하나를 선택해 홍합을 먹는 단순한 행동을 반복했을 뿐인데, 이상하게도 그가 고른 나라가 실제 경기에서 승리하는 경우가 많았습니다. 특히 독일이 세르비아에 패할 것이라는 그의 예측이 맞아떨어지자, 사람들은 이 작은 해양 생물에게 신비로운 관심을 보냈습니다.

물론 이런 결과는 단순한 우연일 수도 있습니다. 하지만 문어의 선택이라는 행동을 단순한 반사 반응이 아니라, 인지와 판단의 결과로 볼 수 있다면 이야기는 조금 달라집니다. 이 지점에서 문어는 의식과 지능을 연구하는 과학자들에게 매우 흥미로운 존재가 됩니다.

문어는 등뼈가 없는 동물 가운데 가장 발달한 신경계를 지니고 있습니다. 그러나 그 구조는 인간과 전혀 다릅니다. 인간은 하나의 뇌로 모든 것을 통제하지만, 문어는 무려 9개의 뇌를 가지고 있습니다. 머리 부분에는 약 2억 개의 뉴런으로 이루어진 도넛 모양의 중앙 뇌가 있고, 나머지 여덟 개의 뇌는 각각 팔 안에 들어 있습니다. 이 팔 속의 미니 뇌 하나하나에는 약 4천만 개의 뉴런이 들어 있습니다.

흥미롭게도 이 미니 뇌들은 중앙 뇌와 어느 정도 독립적으로 작동하며, 각 팔이 스스로 움직이고 판단할 수 있는 구조를 형성합니다. 즉, 중앙집중적이지 않은 분산된 신경 구조 속에서도 문어는 복잡한 행동과 판단을 수행할 수 있으며, 이러한 특성 덕분에 오늘날 의식 연구의 중요한 과학적 모델로 주목받고 있습니다.

생명체의 정의와 기원

✦

의식의 진화 과정을 이해하기 위해서는 먼저 생명의 기원을 되짚어 보아야 합니다. 생명이란 무엇인가는 단순하면서도 심오한 질문은 수 세기 동안 과학자와 철학자들에게 끝없는 탐구의 대상이 되어 왔습니다. 생명은 단지 원자와 분자의 조합이 아니라, 스스로를 유지하고 성장하며 끊임없이 변화하는 역동적 과정이라는 관점이 점차 자리 잡고 있습니다. 그것은 마치 우주의 숨결이 물질 속에 깃들어 시간의 흐름 속에서 자신을 증명해 내는 하나의 서사처럼 느껴집니다.

이러한 관점에서 생명은 고정된 상태가 아니라 끊임없이 생성되고 재조직되는 흐름이며, 환경과 상호 작용 하는 복합적 시스템입니다. 생명은 단순한 존재가 아니라 자기 자신을 인식하고, 외부 세계에 반응하며, 때로는 그 경계를 넘어서려는 의지를 품은 존재입니다. 바로 이러한 특성들이 의식의 씨앗을 품고 있는 생명의 조건이 됩니다.

따라서, 생명은 다음과 같은 특징들을 통해 정의될 수 있습니다.

하나 이상의 세포로 구조적으로 구성되어 있으며, 수정란은 어린 개체로 발달하고, 어린 개체는 성체로 자라나 단일 혹은 복수의 부모로부터 새로운 생명을 이어받습니다. 또한 화학 물질과 에너지를 전환하여 세포의 구성 요소를 만드는 물질대사를 수행하고, 내부 환경을 조율하여 항상성을 유지하며, 외부의 자극에 응답합니다. 나아가 환경의 변화에 적응하고, 진화라는 긴 시간의 흐름 속에서 스스로를 변화시켜야 합니다.

이러한 생명의 특성을 충족하는 존재의 기원을 설명하기 위해 수많은 이론이 제시되어 왔습니다. 그 가운데, 오늘날 가장 유력하게 받아들여지는 가설 중 하나가 바로 심해 열수구 가설입니다.

1977년, 갈라파고스 제도 인근 심해에서 과학자들은 뜨거운 물을 내뿜는 열수 분출구를 발견했습니다. 이곳에서는 불과 몇 미터 차이로 수온이 0℃에서 400℃까지 극단적으로 달라졌고, 빛이 닿지 않는 환경 속에서도 수많은 생명체가 생존하고 있었습니다. 고압과 독성 미네랄 그리고 빛의 부재라는 조건은 우리가 상상하던 생명에 적합한 환경과는 거리가 멀었지만, 그곳의 생물들은 오히려 이런 극한 조건 속에서도 생명이 가능하다는 사실을 보여 주었습니다.

이 발견 이후, 과학자들은 열수구의 화학적 환경과 원시 박테리아의 생화학적 특성 사이에 놀라운 공통점이 있다는 사실을 밝혀냈습니다. 박테리아는 열수 분출구에서 방출되는 독성 미네랄을 에너지원으로 삼아 화학 반응을 일으키고, 이를 통해 생성된 유기물을 다른 생물에게 제공함으로써 생태계의 기초를 형성하고 있었습니다. 이러한 모습은 생명이 단순한 우연의 산물이 아니라, 특정 환경과 물질이 맞물리면서 자연스럽게 탄생했을 가능성을 시사합니다.

심해 열수구 가설은 더 나아가, 생물이 등장하기 이전의 원시 지구에 생명 시스템을 구성하는 핵심 분자들이 이미 형성되어 있었을 가능성을 전제합니다. 이 분자들은 시간이 지나면서 스스로 서로 결합하기 시작하는데, 그 모습은 마치 레고 블록이 하나씩 조립되어 가는 것과 같습니다. 그 결과, 생명체의 핵심을 이루는 물질들이 형성되고, 마침내 이들을 감싸는 작은 주머니 구조가 만들어집니다. 이를 소포라고 부르는데, 아직 살아 있는 세포는 아니지만 생명으로 나아가기 직전 단계의 구조라고 볼 수 있습니다.

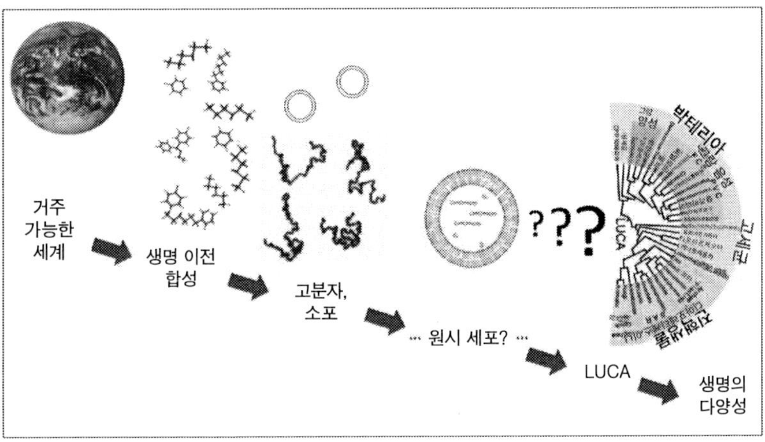

소포는 세포 내에서 발견되는 작은 주머니 모양의 구조물로, 직경은 약 30nm에서 2,000nm까지 다양합니다. 이 구조물은 세포 활동에 필요한 여러 물질을 담아 운반하는 역할을 합니다. 소포의 중요한 특징 중 하나는 반투과성입니다. 즉, 큰 분자를 이루는 가장 작은 재료 조각 같은 단량체 분자는 소포 막을 통과할 수 있지만, 이들이 화학적으로 결합하여 길게 연결된 고분자(거대 분자)는 통과하지 못합니다.

이러한 성질 때문에 소포 내부에서 중합 반응이 일어나면, 그 결과, 생성된 고분자는 외부로 빠져나가지 못하고 소포 안에 머물게 됩니다. 따라서 소포는 단순한 물질 운반뿐 아니라 세포 내에서 특정 반응 산물을 보존하고 축적하는 데에도 중요한 역할을 합니다.

이러한 소포가 바다를 떠다니다가 열수 분출구 근처에 도달하면 고온 환경에 의해 고분자가 분해되고, 다시 단량체로 전환되며, 이후 냉각되면서 새로운 고분자가 형성됩니다. 이 고온과 냉각의 리듬은 마치 생명의 심장 박동처럼 소포 내의 삼투압을 증가시키고 막을 팽창시킵니다.

더욱더 흥미로운 점은, 고분자가 더 많이 존재하는 소포가 이웃한 소포로부터 에너지 저장, 세포막 구성, 신호 전달 등 중요한 역할을 하는 지질을 빼앗아 자신을 더 빠르게 성장시키고 분열할 수 있다는 사실입니다. 그리고 복제 능력이 뛰어난 소포는 점차 환경을 지배하게 되며, 이 소포들은 서로 융합하고 분리되며 생명체의 기본적 특성인 조직화, 성장, 생식을 일부 충족하는 초기 생명체로 진화해 갔다는 설명입니다.

이처럼 심해 열수구는 생명의 초기 조건을 충족시킬 수 있는 매우 유력한 장소로 간주하지만, 생명 자체가 어떻게 처음으로 등장했는지에 관한 질문은 여전히 미궁 속에 남아 있습니다. 물리적·화학적 조건은 과학적으로 접근할 수 있지만, 비생명에서 생명으로의 전이 그리고 그것이 의식의 기원과 어떻게 연결되는지는 여전히 과학과 철학의 경계에서 우리를 멈춰 세우는 가장 깊은 수수께끼입니다.

식물의 지능

◆

우리는 빛을 보고, 소리를 듣고, 통증을 느낍니다. 그러나 그 감각들은 단지 외부 세계의 자극으로 끝나지 않습니다. 그것들은 나의 내면에서 하나의 경험으로 엮이며, 세계는 그 순간 우리 안에서 다시 태어납니다. 의식은 이처럼 단순한 정보의 수집이 아니라 존재가 세계와 마주하는 방식이며, 그 만남 속에서 자신을 자각하는 내면의 울림입니다. 그것은 감각을 모아 의미를 만들고, 그 의미 속에서 나라는 존재가 형성되는 순간입니다.

이러한 의식은 수억 년에 걸친 진화의 정교한 조율 속에서 탄생했습니다. 생명의 긴 여정은 단순한 반응에서 시작해 점차 생각하고, 기억하며, 감정을 느끼는 능력으로 확장되었습니다. 인간과 동물은 그 여정의 정점에서, 감각을 넘어서 세상을 이해하고, 과거를 되새기며, 미래를 상상하는 고차원적 인지 구조를 갖추게 되었습니다.

그렇다면, 이러한 인지 구조는 오직 동물에게만 허락된 것일까요. 잎을 흔들며 햇빛을 좇고, 뿌리를 뻗어 물을 찾아가는 식물은 과연 아무런 자각 없이 살아가는 존재일까요. 그들에게도 세계를 인식하고 반응하는 어떤 방식의 의식이 존재할 수 있을까요.

식물은 눈도 귀도 없고, 신경계나 뇌도 존재하지 않지만, 빛, 중력, 화학 신호, 접촉 등 다양한 자극에 민감하게 반응합니다. 뿌리는 수분을 향해 자라나고, 잎은 햇빛을 따라 움직이며, 외부의 공격에는 방어 물질을 분비하기도 합니다. 이처럼 식물은 주변 환경을 감지하고 정교하게 반응하는 능력을 갖추고 있습니다.

하지만 이러한 반응을 의식의 결과라고 말할 수 있을까요. 식물의 반응은 마치 바람에 흔들리는 잎처럼 섬세하고 정밀하지만, 그 안에 고통이나 기쁨과 같은 느낌이 있는지는 아직 알 수 없습니다. 식물은 단지 생존을 위한 생리적 메커니즘을 수행하는 것일까요, 아니면 우리가 아직 이해하지 못한 형태의 의식이 존재하는 것일까요. 이 질문은 의식의 본질과 경계를 다시 생각하게 만듭니다. 의식은 반드시 뇌가 있어야만 가능한 것일까요. 아니면, 생명 그 자체가 의식의 씨앗을 품고 있는 걸까요.

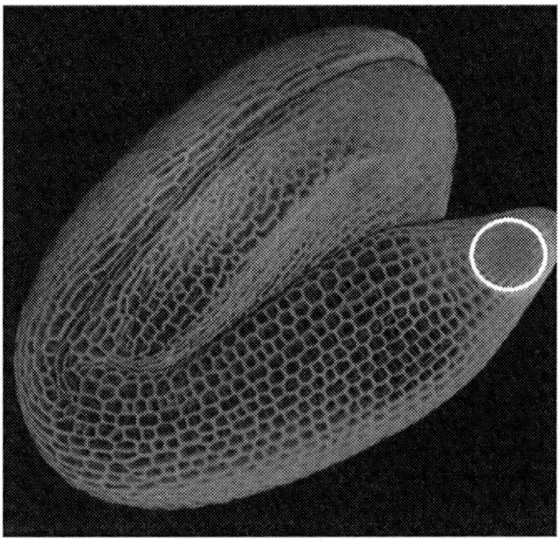

버밍엄대학교 연구팀은 식물도 매우 작은 뇌와 유사한 기능이 있어, 씨앗이 발아할지 혹은 휴면 상태에 들어갈지를 스스로 결정한다고 주장하는 논문을 발표했습니다. 연구에 따르면, 씨앗 속 뇌는 배아의 끝단에 위치하며 두 가지 서로 다른 호르몬을 분비해 발아 여부를 결정하는 것으로 밝혀졌습니다.

논문 공동 저자인 바셀은 "이 결정은 매우 적은 수의 세포에 의해 이루어지며, 이 세포들은 사람의 회백질과 같은 구조는 아니지만, 정보 처리 능력을 갖추고 있다"고 설명했습니다. 이는 식물도 일종의 정보 처리 시스템을 통해 결정을 내릴 수 있다는 점에서, 식물 지능에 대한 논의에 불씨를 지핀 셈입니다.

흥미로운 사실은 식물이 최소 20가지 이상의 신호 체계를 가지고 있다는 점입니다. 식물은 신호의 길이나 방향, 강도까지 구별할 수 있으며, 한 번 받은 자극은 이후 반응에 영향을 줍니다. 이러한 효과는 짧게는 몇 시간에서 길게는 수년까지 지속될 수 있습니다. 다시 말해, 식물도 일종의 기억 능력을 갖추고 있어 같은 자극을 반복해서 받으면 이전보다 더 빠르고 강하게 반응합니다.

예를 들어 곤충이 한 식물을 공격하면, 그 식물은 휘발성 화합물을 방출해 주변 식물들에 위험을 알립니다. 그러면 인근 식물들은 마치 경고 방송을 들은 것처럼 방어 메커니즘을 가동하기 시작합니다. 우리가 흔히 말 없는 존재라고 생각했던 식물이 사실은 조용한 신호와 반응으로 서로 소통하고 있다는 점, 이 얼마나 놀라운 발견일까요. 이는 지능을 문제 해결, 학습, 기억, 환경 적응 능력으로 정의할 경우, 식물 역시 일정 수준의 지능을 가지고 있다고 볼 수 있습니다.

2010년에는 식물도 짝짓기 파트너를 선택할 수 있다는 실험 결과가 발표되어, 식물 지능에 관한 논의를 뒷받침했습니다. 이러한 연구는 식물이 환경에 대한 단순 반응을 넘어, 선택과 판단에 가까운 행동을 보일 수 있음을 시사합니다.

또한, 2014년 미모사 실험에서는 반복적으로 떨어지는 물체 자극에 대해 식물이 점차 반응을 줄여 가는 습관화 현상이 관찰되었습니다. 이는 식물이 단순히 기계적으로 반응하는 존재가 아니라, 경험을 통해 반응을 조절할 수 있음을 보여 줍니다.

일부 과학자들은 "식물은 인간과 유사한 방식으로 인지할 수 있다고 해도 과언이 아니다. 식물은 주변 환경에 대한 다양한 정보를 수집하고 이를 지속적으로 갱신하며, 내부 상태와 결합해 환경에 적응하고 조화하기 위한 결정을 내린다."라고 주장합니다. 이는 식물이 단순한 생명체가 아니라, 느리지만 정교한 방식으로 세상을 읽고 반응하는 존재일 수 있음을 암시합니다.

결국, 식물이 보여 주는 다양한 반응과 행동이 실제로 경험으로 인식되는지, 즉 식물이 느낄 수 있는가에 대한 문제는 여전히 논의의 대상입니다. 현재까지는 식물에 의식이 존재한다는 명확한 과학적 증거가 없으며, 이를 단정하기 위해서는 추가적인 연구와 실험적 검증이 필요합니다. 식물이 살아 있다는 사실은 분명하지만, '그들이 살아 있음을 느끼는가'라는 질문은 아직도 열린 과제로 남아 있습니다.

식물의 신호 전달과 의사 결정

✦

당신이 위협을 받을 때, 몸속에서는 놀라운 일이 벌어집니다. 칼슘 이온의 급격한 변화가 심장을 빠르게 뛰게 하고, 근육을 수축시켜 즉각적으로 몸을 움직이게 합니다. 이 반응은 생존을 위한 본능적인 방어 기제입니다. 그런데 뿌리 내린 자리에서 움직이지 못하는 식물은 어떻게 살아남을까요.

식물은 눈도 귀도 없고, 손이나 발, 심지어 뇌나 신경계도 없습니다. 그런데도 누군가가 잎을 갉거나 줄기를 꺾으려 하면 마치 동물처럼 이를 감지하고 놀라울 정도로 정교하게 대응합니다. 식물의 방어 반응은 동물의 신경계 작동 방식과 유사한 점이 많습니다. 칼슘 이온의 흐름, 전기적 신호의 전달 그리고 국소적 자극에 대한 전신적 반응까지 식물은 움직이지 않지만, 그 내부에서는 끊임없는 정보 전달과 생존 전략이 펼쳐지고 있습니다.

어떻게 이런 일이 가능할까요. 이러한 유사성은 식물과 동물이 아주 오래전, 공통의 조상에서 갈라져 나왔다는 진화적 연결 고리를 암시합니다. 생명체의 경이로운 적응력은 우리가 식물을 바라보는 관점을 완전히 바꿔 놓을지도 모릅니다.

식물과 동물은 모두 진핵생물이자 다세포 생물이며, 수십억 년 전 모든 생물의 공통 조상인 루카(LUCA)로부터 갈라져 나왔습니다. 이후 각기 다른 환경에 적응하면서 겉모습도, 자극에 반응하는 방식도 달라졌지만, 기본적인 세포 수준의 생리 작용은 여전히 유사합니다.

동물의 신경세포는 칼슘 이온(Ca^{2+})을 통해 전기적 신호를 전달합니다. 인간에게서도 칼슘 이온은 뉴런의 메시지 전달 시점을 조절하는 데 핵심 역할을 합니다. 이처럼 칼슘 이온은 동물의 체내에서 전기적·화학적 신호를 전달하는 중요한 매개체로 알려져 있습니다.

최근 길로이 등의 연구에서는 식물인 애기장대가 감지하는 위험 신호 역시 칼슘 이온의 움직임을 통해 전달된다는 사실이 밝혀졌습니다. 실험에서 애기장대의 잎을 자르거나 애벌레가 갉아 먹게 한

결과, 손상 부위에서 칼슘 이온 농도 변화가 발생했고, 그 신호는 주변 잎으로 빠르게 퍼져 나갔습니다. 이는 상처와 같은 외부 자극이 존재할 경우, 잎에서 잎으로 긴 거리를 이동하는 칼슘 이온의 변화가 시작된다는 사실을 보여 줍니다.

이러한 칼슘 이온의 흐름은 포유류의 신경에서 볼 수 있는 신호 전달 방식과 유사하지만, 식물에는 신경세포가 없기에 그 메커니즘은 오랫동안 미스터리로 남아 있었습니다. 그러나 최근 연구에 따르면, 과학자들은 동물의 신경세포에서 중요한 역할을 하는 글루타메이트 수용체가 없는 돌연변이 식물을 만들어 실험했습니다. 놀랍게도 이 식물들에서 칼슘 이온의 변화를 거의 감지하지 못했습니다. 이 결과는 글루타메이트가 동물뿐 아니라 식물에서도 신호를 전달하는 데 꼭 필요한 열쇠라는 사실을 보여 줍니다.

예를 들어, 양배추 흰나비 애벌레가 겨자잎을 갉아 먹으면 식물은 글루타메이트를 방출합니다. 이것이 수용체에 결합하면 세포막에 존재하는 단백질, 즉 특정 이온만 선택적으로 드나들 수 있도록 하는 통로 역할을 하는 이온 채널이 열리면서 칼슘 이온이 세포 안으로 유입됩니다.

칼슘 이온이 세포 안으로 들어오는 순간, 식물은 곧바로 스트레스 호르몬을 분비합니다. 이어서, 특정 유전자가 활성화되며 일련의 반응이 연쇄적으로 시작됩니다. 이 반응은 단순한 화학적 변화가 아니라 식물이 외부의 공격을 감지하고 방어를 준비하는 정교한 신호 체계입니다.

흥미로운 점은 이 메커니즘이 포유류의 신경계와 똑같지는 않지만, 놀라울 만큼 유사하다는 사실입니다. 작은 상처가 식물 전체에 방어 반응을 퍼뜨리는 과정은 오랫동안 과학자들에게 수수께끼였는데, 이제 그 퍼즐을 풀어 가는 중요한 단서가 바로 이 신호 체계에서 발견되고 있습니다.

식물은 움직이지 않지만, 결코 정적인 존재가 아닙니다. 그들은 뿌리내린 자리에서 주변을 감지하고, 반응하며, 생존을 위한 전략을 끊임없이 펼쳐 나갑니다. 신경이 없다고 해서 감각이 없는 것이 아니며, 뇌가 없다고 해서 판단이 불가능한 것도 아닙니다. 식물의 내부에서 벌어지는 정교한 생리적 반응은 우리가 생명과 의식 그리고 존재의 경계를 다시 생각하게 만듭니다.

우리는 이제 질문을 던지게 됩니다. 식물은 단순히 자극에 반응하는 기계일까요, 아니면 우리가 아직 완전히 이해하지 못한 형태의 지각과 인지를 지닌 존재일까요. 식물의 정교한 생존 전략은 의식의 범위를 다시 생각하게 만듭니다. 생명은 단순하지 않으며, 그 다양성과 적응력은 우리의 인식 체계를 끊임없이 시험합니다. 식물의 반응을 이해하는 순간, 우리는 생명에 대한 이해를 더 깊은 수준으로 확장할 수 있습니다.

움직이지 않는 존재의 놀라운 감각

✦

식물은 뿌리내린 자리에서 움직일 수 없지만, 결코 수동적인 존재가 아닙니다. 그들은 빛, 온도, 중력, 화학 물질, 접촉 등 다양한 환경 자극을 감지하고, 이에 정교하게 반응하는 능력을 지니고 있습니다. 이러한 반응은 단순한 생리적 조절을 넘어, 생존을 위한 전략적 선택으로 보일 만큼 정밀하고 목적 지향적입니다. 움직이지 않기에 더욱 치밀하게 주변을 읽고, 반응하며, 자신을 지켜 내는 존재인 식물은 고요한 생명 속에 놀라운 감각 기능을 가지고 있습니다.

최근의 연구들은 식물이 단순히 햇빛이나 수분을 감지하는 수준을 넘어서, 주변 생물과의 상호 작용 속에서 놀라운 적응 전략을 펼친다는 사실이 밝혀지고 있습니다. 특히 남미에 서식하는 덩굴식물 보킬라 트리폴리올라타는 나무를 타고 오를 때 숙주의 잎 크기, 모양, 색깔, 방향, 심지어 잎맥의 뚜렷함까지 모방할 수 있습니다. 이 위장 전략은 초식 동물의 눈을 속여 자신을 보호하는 데 효과적이며, 식물이 단순한 반응체가 아니라 능동적 생존 전략을 구사하는 존재임을 보여 줍니다.

과학자들은 보킬라 트리폴리올라타가 주변 식물과 조화를 이루기 위해 잎의 형태를 바꾸는 현상에 주목해 오랫동안 연구를 진행해 왔습니다. 그 결과, 이 식물이 주변 식물이 방출하는 화학 물질을 감지하고 이를 해석해 자신의 잎 모양을 조절한다는 가설이 제시되었습니다. 얼핏 놀랍게 들릴 수 있지만, 이러한 능력은 식물이 외부 환경의 미세한 변화를 감지하고 이에 맞춰 반응해 왔다는 사실과 맞닿아 있습니다.

실제로 식물은 동물처럼 손상된 조직에서 발생하는 비정상적인 신호를 인식하고, 초식 곤충의 공격에 대응하는 방어 체계를 발달시켜 왔습니다. 예를 들어, 식물은 초식 곤충의 피해를 입으면 보통 24시간 이내에 자스몬산이라는 식물 호르몬을 활성화합니다. 자스몬산은 곤충의 단백질 소화를 방해하거나 성장과 생존, 번식에 필요한 생리 기능을 저해합니다. 이 물질은 초식 곤충에게는 독성으로 작용하지만, 식물에게도 성장과 종자 생산을 감소시키는 비용을 수반합니다. 그럼에도 불구하고 자스몬산은 외부 위협과 환경 스트레스에 대응하는 데 필수적인 요소로, 식물 방어 체계의 핵심을 이

롭니다.

식물의 방어와 조절 능력은 잎에만 국한되지 않습니다. 식물의 뿌리는 자기 억제 전략에 따라 토양 속에서 방향과 범위를 조절하며 확장됩니다. 이 과정에서 토양에 서식하는 곰팡이 균사는 무기 영양분과 물을 흡수해 식물에 공급하고, 그 대가로 식물로부터 광합성 산물인 탄수화물을 받습니다. 이렇게 식물의 뿌리와 균사가 얽혀 형성된 거대한 균사 네트워크를 통해 공생 관계가 유지됩니다.

이 균사 네트워크는 단순한 영양분 이동 경로에 그치지 않습니다. 물이나 질산염, 칼륨과 같은 물질뿐 아니라, 질병의 발생이나 포식자의 공격과 같은 정보도 식물 사이에 전달하는 일종의 통신망 역할을 합니다. 이를 통해 식물은 실제로 초식 곤충의 공격을 받기 전에 미리 방어 반응을 준비할 수 있습니다.

또 다른 흥미로운 사례로는 바나나 뿌리에서 관찰되는 독소 축적 현상을 들 수 있습니다. 바나나는 아시아, 아프리카, 라틴아메리카 등지에서 약 4억 명의 생계를 지탱하는 중요한 작물이지만, 해충과 기생충에 매우 취약해 전 세계적인 수확 위기를 겪고 있습니다. 막스 플랑크 연구소의 연구에 따르면, 일부 바나나 품종은 기생충의 공격을 받을 때 무작위로 반응하는 것이 아니라 피해를 입은 뿌리 조직 인근에 방어용 독소를 집중적으로 생산합니다. 이 독소는 토양 속 기생충의 몸 안으로 들어가 지방 조직에 축적되고, 결국 기생충을 사멸에 이르게 합니다. 이는 식물이 공격 위치를 정밀하게 인식하고, 그에 맞춘 대응을 수행함을 보여 주는 사례입니다.

나아가 식물은 다양한 감지 메커니즘을 통해 토양의 공간적 구조를 파악하고, 주변에 존재하는 무생물을 구별해 실제로 접촉하기 전에 스스로 성장을 억제하기도 합니다. 이는 식물이 환경에 수동적으로 반응하는 존재가 아니라, 주변 조건을 종합적으로 판단해 성장 전략을 조절한다는 점을 시사합니다.

예를 들어 토양 속에서 경쟁 관계에 있거나 유전적으로 가까운 다른 식물의 존재를 감지하면, 식물은 자신의 뿌리 영역을 효율적으로 유지하면서도 상대의 영역을 과도하게 침범하지 않는 방향으로 성장합니다. 이러한 반응은 제한된 자원을 둘러싼 경쟁을 완화하고, 결과적으로 개체와 집단 전체의 생존 가능성을 높이는 전략으로 이해할 수 있습니다.

흥미롭게도 하나의 개체가 복제되어 여러 개로 분리될 경우, 처음에는 혈연관계에 기반한 인식이 유지되지만, 시간이 지나면 그 인식이 빠르게 약화됩니다. 그 결과, 같은 유전자를 가진 형제 개체들조차 서로를 경쟁자로 간주하며 전형적인 영역 경쟁 반응을 보이게 됩니다.

이러한 사례들은 식물이 단순히 자극에 반응하는 수동적인 존재가 아니라, 주변 환경의 다양한 정보를 통합해 적절한 대응 전략을 선택하는 생명체임을 보여 줍니다. 식물의 감각과 반응 체계는 우리가 전통적으로 생각해 온 것보다 훨씬 더 복잡하고 체계적입니다.

이 사실은 생명체가 환경을 인식하고 이에 대응하는 방식에 대해 다시 한번 생각하게 만듭니다. 또한 인지와 의식의 경계를 어디까지로 설정할 수 있는지에 대해서도 새로운 질문을 던집니다. 식물은 단순한 생리적 장치에 불과한 존재일까요, 아니면 아직 충분히 밝혀지지 않은 방식으로 세상을 감지하고 해석하는 생명체일까요.

생명의 가장 작은 단위 가장 큰 질문

✦

지구 생명의 역사는 눈에 보이지 않을 만큼 작은 존재에서 시작되었습니다. 미생물은 단순한 구조 속에 생명의 기원을 품고 있으며, 그 미세한 활동은 오늘날까지 이어져 생명의 토대를 이루고 있습니다. 우리가 흔히 접하는 세균, 바이러스, 진균, 원생생물 등은 모두 이 미세한 생명체의 범주에 속합니다. 대부분은 단일 세포로 이루어져 있지만, 그 작은 몸으로도 독립적으로 살아가며 스스로 생명 활동을 수행합니다.

세포는 생명의 최소 단위이자 고유한 과학적 특성을 지닌 존재입니다. 원형질막은 세포 내부와 외부를 구분하며, 이 경계는 생명체로서 기능하기 위한 필수 조건을 충족시킵니다. 오늘날에도 다양한 원생생물과 단세포 조류는 이러한 원초적 구조를 유지한 채, 생명력을 지닌 독립체로 존재하고 있습니다.

이처럼 세포가 생명의 기본을 이루는 단위라면, 그 안에서 의식이라는 개념을 어떻게 바라볼 수 있을까요. 현대 과학은 동물계 전반에 걸쳐 다양한 형태의 의식을 인정하고 있지만, 그 개념의 뿌리는 여전히 17세기 철학자 데카르트의 이원론적 사고방식에 깊이 뿌리를 두고 있습니다. 그는 오직 인간의 정신만이 진정한 의식을 지닐 수 있다고 주장했으며, 이러한 관점은 인간 중심적 사고와 생명체에 대한 편견을 낳는 데 일조했습니다. 그 결과, 인간과 본질적으로 다른 생명체에 대해 의식이나 지능을 논의하는 데 있어 여전히 높은 장벽이 존재합니다. 그러나 의식의 정의는 시대와 학문, 철학적 관점에 따라 끊임없이 변화해 왔으며, 오늘날 과학자들은 의식을 단일한 속성이 아니라, 여러 층위와 형태를 지닌 현상으로 바라보며 보다 유연하고 다차원적인 접근을 시도하고 있습니다.

이러한 흐름 속에서 노벨상 수상자인 너스는 그의 저서 『인생이란 무엇인가』에서 새로운 시각을 제시합니다. 그는 세포를 단순한 생명체의 구성 요소로 보기보다는, 생명의 모든 속성을 지닌 하나의 완전한 존재로 바라보아야 한다고 했습니다. 즉, 세포 하나하나가 생명체로서의 특성을 온전히 갖춘 단위며, 그 안에 의식이나 정보 처리 능력과 같은 고차원적 특성이 존재할 가능성을 열어 두고 있습니다.

과학자 마굴리스 역시 세포 의식의 진화적 기원에 대해 진지하게 접근한 선구자로 평가받습니다. 그녀는 원시 원핵세포가 일종의 원초적 의식을 지녔으며, 이후 세포 간의 공생과 통합을 통해 보다 복잡한 형태의 세포보다 위의 의식이 발생했을 가능성이 있다고 합니다. 이는 생명체가 단순한 물질의 집합이 아니라, 상호 작용과 통합을 통해 새로운 차원의 인식과 반응을 창조해 내는 존재임을 암시합니다.

이러한 관점은 최근 과학의 흐름과도 맞닿아 있습니다. 2025년 노벨상은 면역 체계의 자가면역반응을 억제하는 조절 T세포의 기능을 밝힌 과학자에게 수여되었습니다. 이들은 T세포가 병원체와 정상 세포를 정밀하게 구분할 수 있는 복잡한 정보 처리 체계를 갖추고 있음을 밝혔습니다. 이는 세포 수준에서 인식, 판단, 반응 능력이 고도로 발달해 있음을 보여 주며, 동시에 전통적으로 고등 생명체의 전유물로 여겨졌던 지능이나 의식 개념을 세포 차원에서 다시 연구할 필요성을 제기합니다.

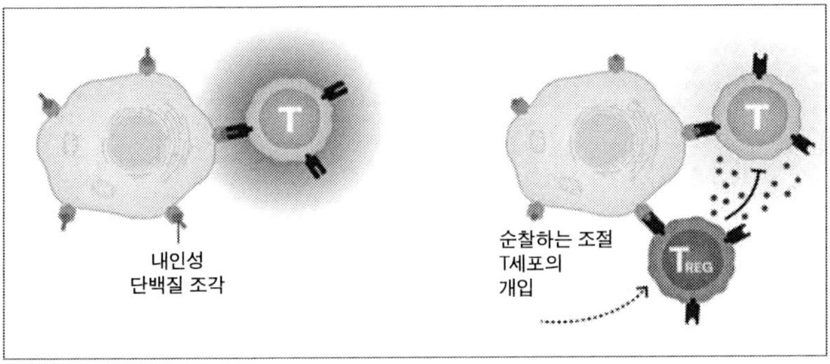

이러한 논의는 미생물과 단세포 생물이 단순한 생존 기계가 아니라 환경을 인식하고 반응하며, 때로는 협력과 공생을 통해 복잡한 생명 시스템을 구축하는 능력을 지닌 존재로 이해될 수 있음을 시사합니다. 이는 생명체의 본질은 단순한 구조적 특성이나 인간 중심적 기준으로 정의될 수 없으며, 생명 그 자체의 다양성과 진화적 가능성을 포괄하는 방향으로 확장되어야 함을 의미합니다.

결국 세포 하나하나는 생명의 최소 단위일 뿐만 아니라, 생명과 의식의 기원을 탐구하는 데 있어 중요한 단서가 될 수 있습니다. 이는 과학뿐 아니라 철학, 심리학, 인공지능 등 다양한 분야에 걸쳐 새로운 통찰을 제공합니다. 생명과 의식에 대한 이해는 이제 인간만의 특권이 아니라, 생명 전체의 연속성과 다양성 속에서 그 의미를 재정립해야 할 시점에 이르렀다고 볼 수 있습니다.

박테리아 사회적 지능을 지닌 존재

✦

현미경 아래 펼쳐지는 미생물의 세계는 작지만 마치 또 하나의 우주처럼 놀라울 정도로 역동적입니다. 눈에 보이지 않는 그 작은 존재들은 인간의 몸속 깊은 곳부터 바다의 깊은 곳, 공기 중의 미세한 입자까지, 생명이 닿는 거의 모든 곳에서 자신만의 방식으로 살아갑니다. 그들은 침묵 속에서 움직이고, 보이지 않는 언어로 소통하며, 끊임없이 환경과 상호 작용 합니다.

일반적으로 미생물은 세균, 바이러스, 진균, 원생생물의 네 가지로 분류되며, 이 중 세균은 영어로 박테리아라고 하며, 독립적으로 생존 가능한 생명체로 생물의 최소 조건을 갖추고 있습니다. 단일세포로 이루어진 박테리아는 인간의 몸속은 물론, 땅, 물, 공기 등 먹이가 공급되는 거의 모든 환경에서 세포 분열을 통해 스스로 증식할 수 있습니다. 비록 대부분은 광합성이나 화학합성 같은 방식으로 직접 영양분을 생성하는 능력을 갖추고 있지 않지만, 그들은 주변 자원을 활용해 생존을 이어 가는 놀라운 적응력을 보여 줍니다.

그렇다면 가장 단순한 형태의 생명체인 박테리아는 어떤 생물학적 특성이 있을까요. 단순함 속에 숨겨진 박테리아의 행동은 오히려 복잡한 생명 시스템을 떠올리게 합니다. 지금까지 박테리아의 행동은 크게 네 가지 측면 화학주성, 쿼럼 감지, 신호 전달 그리고 형태 형성에서 많은 주목을 받고 있습니다.

박테리아는 단순히 작은 생명체가 아닙니다. 그들은 주변의 화학물질을 감지해 좋은 성분이 있으면 그쪽으로 다가가고, 해로운 물질이 있으면 멀리 피하는데, 이를 화학주성이라고 부릅니다. 그런데 박테리아의 세계는 여기서 끝나지 않습니다. 이들은 혼자만 움직이지 않고, 서로 자가 유도 물질이라는 신호 분자를 주고받으며 집단적으로 행동하기도 합니다. 이를 쿼럼 감지라고 하는데, 쉽게 말해 박테리아가 "우리 몇 명이나 모였지?"를 확인하고, 그 수에 맞춰 행동을 바꾸는 현상입니다.

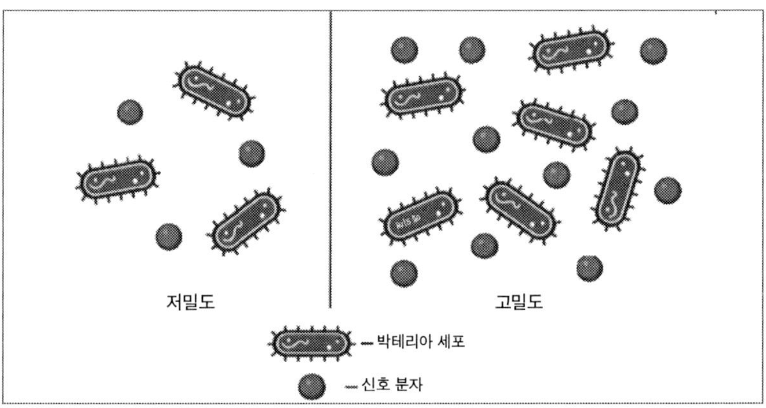

이런 집단적 움직임은 단순히 화학 반응을 넘어서 박테리아 사회의 독특한 성격을 보여 줍니다. 예를 들어, 독성 물질을 만들거나

특정 환경에 맞춰 행동을 조정하는 것도 이런 방식으로 이루어집니다. 마치 개미나 꿀벌 같은 사회적 곤충이 집단의 크기에 따라 행동을 바꾸는 것과 비슷합니다. 이 과정에서 박테리아도 자기 종을 인식하고, 집단 속에서 사회성을 드러내며 살아가는 셈입니다. 눈에 잘 보이지 않는 미생물 세계에도 일종의 사회성을 구현하고 있는 것입니다.

박테리아는 쿼럼 감지 외에도 다양한 방식으로 서로 소통합니다. 특히 신호 전달은 박테리아가 세포막을 통해 외부 정보를 인식하고 이를 내부로 전달하는 과정을 의미합니다.

현재까지 50개 이상의 신호가 확인된 박테리아의 신호 네트워크는 연결 강도를 조절하고, 정보를 저장하며, 정보의 흐름을 변경하고, 다른 박테리아와 비교하여 자기 종을 식별하는 기능을 수행합니다. 이러한 특성은 박테리아의 신호 네트워크가 행동을 제어하는 데 필요한 핵심 요소들을 갖추고 있음을 보여 줍니다.

특히 박테리아는 세포 안에서 일어나는 인산화라는 화학적 변화를 이용해 신호를 주고받습니다. 이런 변화가 서로 연결된 네트워크처럼 작동하면서 박테리아의 신호 전달을 조절합니다. 예를 들어, 환경에 반응하여 특정 신호 네트워크가 자동으로 증폭되는 현상은 인간의 뇌에서 수상돌기 연결이 변화하는 방식과 유사하며, 이는 학습된 행동으로 해석될 수 있습니다. 이러한 과정을 통해 박테리아는 정보에 기반한 의사 결정을 수행할 수 있습니다.

화학주성, 쿼럼 감지, 신호 전달은 본질적으로 서로 맞물려 있어 박테리아가 환경을 탐색하고, 외부 자극에 반응하며, 다른 개체와 행동을 조율할 수 있도록 합니다. 이러한 정교한 통신 체계는 박테리아가 단순한 개별 세포를 넘어 집단적 생명 활동을 가능하게 하는 기반이 됩니다.

그런데 박테리아의 능력은 단지 신호 체계에만 의존하지 않습니다. 세포의 형태 역시 이러한 과정에 중요한 영향을 미칩니다. 예를 들어, 편모나 섬모와 같은 표면 구조는 박테리아가 화학적 자극을 감지하고 이에 반응하는 방식에 직접적인 변화를 줄 수 있습니다. 나아가 세포의 모양은 수용체와 신호 분자의 분포에까지 영향을 미치며, 이는 곧 박테리아가 환경과 상호 작용 하는 방식을 결정짓는 핵심 요소로 작용합니다.

이러한 생물학적 특성은 박테리아가 단순한 생존을 넘어, 환경을 인식하고, 서로 협력하며, 구조를 형성하는 능동적 존재임을 보여 주는 단서들입니다. 따라서 박테리아가 세포 내에 핵으로 대표되는 다양한 세포소기관을 가진 진핵생물보다 덜 복잡한 존재로 간주될 수 없습니다. 오히려 박테리아는 단일 세포의 한계를 넘어 집단적 협력과 정보 공유를 통해 생존 전략을 세우고, 위협에 대응하며, 자원을 최적화하는 놀라운 능력을 보여 줍니다.

결국 박테리아의 행동은 단순한 생리적 반응을 넘어 일종의 의식적 활동 가능성을 시사합니다. 물론 박테리아가 인간처럼 자아를 인식하거나 감정을 느낀다고 단정할 수는 없지만, 그들이 보여 주는 정교한 반응과 협력은 생명체의 지능과 의식에 대한 기존 정의를 다시 생각하게 만듭니다. 박테리아 역시 일종의 사회적 지능을 지닌 존재일 수 있으며, 그들의 세계는 우리가 상상하는 것보다 훨씬 더 복잡하고 정교한 생명 네트워크로 이루어져 있을 가능성이 있습니다.

신경이 없으면 느낄 수 없는가

✦

원생동물은 생명의 경계에 선 존재입니다. 균류도 아니고, 동물도 아니며, 식물의 범주에도 속하지 않는 이 단세포 미생물은 마치 생물계의 외딴섬처럼 독자적인 길을 걷습니다. 이들은 막으로 둘러싸인 핵을 지닌 진핵생물로, 미시 세계 속에서 놀라운 다양성과 독특한 생존 전략을 펼쳐 보입니다. 때로는 물방울 속을 유영하며 자유를 누리고, 때로는 숙주의 몸속에 은밀히 숨어들어 기생의 삶을 이어 갑니다.

종속영양생물로서 원생동물은 스스로 영양분을 합성하지 않고, 식물이나 동물 등 다른 생물을 섭취하여 에너지와 영양분을 얻습니다. 형태와 크기 면에서도 매우 다양하여 형태를 자유롭게 바꾸며, 이동하는 아메바부터 고정된 형태와 섬세한 구조를 지닌 짚신벌레까지 다양한 종류가 존재합니다.

1920년대에 진행된 한 연구에서는 스텐토르, 디디니움, 아메바 같은 원생동물들이 예상보다 훨씬 다양한 행동을 보여 준다는 사실이 밝혀졌습니다. 과학자들은 이들이 단순한 반사 작용이 아니라, 이전의 경험에 따라 행동을 바꾸는 모습을 관찰하고 이를 의식의 단서를 보여 주는 현상일지도 모른다고 해석했습니다.

또 다른 이론에서는 의식이 반드시 인간이나 동물처럼 복잡한 생명체에서만 나타나는 것은 아니라고 설명합니다. 단세포 생물처럼 아주 작은 존재에서도, 여러 생물학적 시스템이 서로 영향을 주고받는 과정 속에서 원초적인 형태의 의식이 나타날 수 있다는 것입니다.

원생동물은 겉보기에는 단순한 미생물처럼 보이지만, 실제로는 빛, 기계적 접촉이나 음식 입자 등 다양한 자극을 감지하고 이에 반응할 수 있는 능력을 갖추고 있습니다. 예컨대 어떤 원생동물은 부딪히는 물체를 피하고, 또 다른 개체는 빛이 있는 방향으로 이동하는 등 환경에 대한 민감한 반응을 보입니다.

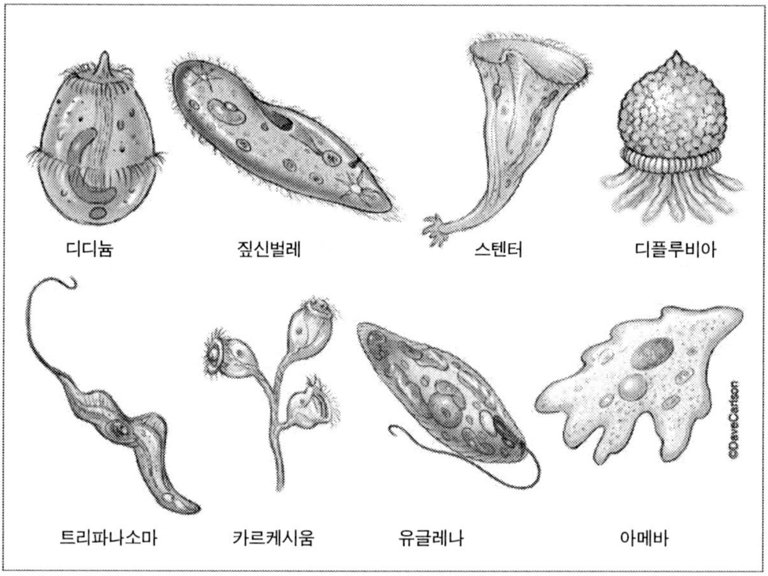

이러한 반응은 단순한 자극에 대한 기계적 반응을 넘어, 생존을 위한 정보 처리와 행동 조절의 초기 형태로 이해될 수 있습니다.

더욱 흥미로운 점은 학습의 징후가 점액 곰팡이나 원시 다세포 생물뿐만 아니라 일부 원생동물에서도 관찰된다는 사실입니다. 원생동물은 생명의 최소 단위에서 정보 처리, 반응 그리고 학습 가능성을 보여 주는 존재로서 생명과 의식의 기원을 탐구하는 데 중요한 단서를 제공합니다. 이는 단세포 생물조차도 환경에 대한 경험을 축적하고 그에 따라 행동을 조절할 수 있는 잠재적 능력을 지니고 있음을 시사합니다.

예를 들어, 원생동물이 자신의 몸길이보다 좁은 튜브에 갇히면 처음에는 회전하는 데 몇 분이 걸리지만, 약간의 연습을 거친 후에는 몇 초 만에 회전할 수 있다고 합니다. 이는 단세포 생물도 학습할 수 있다는 것을 보여 주는 사례로, 원생동물의 행동이 경험에 따라 변화하는 일종의 학습 혹은 기억으로 해석될 수 있습니다.

또한 일부 아메바와 다른 원생동물은 수집한 재료를 활용해 보호 기능을 갖춘 정교한 구조물을 만들기도 합니다. 아메바의 이러한 행동이나 다른 관찰 결과에 따르면, 아메바는 고등 동물처럼 다양한 먹이를 지각하고 인식하며 선택적으로 섭취할 뿐만 아니라 자기 종을 인식하고 협력적인 행동을 취하기도 합니다. 특히 협력적인 사냥에서 이러한 특성이 두드러지며, 이는 아메바가 자기 인식을 한다는 점을 시사합니다.

이처럼 단세포 생물인 원생동물은 외부 자극에 민감하게 반응하고 환경 변화에 능동적으로 적응하는 모습을 통해 생명체의 가장 기초적인 형태의 의식을 지니고 있을 가능성을 시사합니다. 그리고 그들은 중추신경계나 복잡한 신경망 없이도 놀라운 행동을 수행하며, 마치 생화학적 언어로 세상과 대화를 나누는 듯한 반응을 보입니다. 이러한 특성은 생명과 의식의 경계를 다시 묻는 철학적 질문을 불러일으키며, 과학자들 사이에서도 격렬한 논쟁의 불씨가 되고 있습니다.

결국 원생동물의 인지 능력은 단순한 생존 전략을 넘어 생명 내부의 정교한 화학적 조율의 결과로 이해됩니다. 이러한 특성은 곧 그들이 실제로 느낀다고 말할 수 있는 존재인지에 대한 탐구로 이어지며, 이 질문은 여전히 미지의 영역에 머물러 있습니다. 이에 대해 일부 학자들은 원생동물을 원시적 의식을 지닌 존재로 해석하며, 생명의 기원과 의식의 진화에 대한 새로운 시각을 제시합니다.

이러한 논의는 단순히 학문적 주장에 그치지 않고, 우리에게 근본적인 질문을 던집니다. 의식이란 무엇인가. 신경이 없으면 결코 느낄 수 없는 것인가. 원생동물의 작은 몸속에서 펼쳐지는 생명의 반응은 우리가 알고 있는 의식의 정의를 다시 써야 할지도 모른다는 가능성을 은연중에 드러냅니다.

생명 그 자체에도 의식이

✦

들판이나 마당을 걷다가 문득 땅에 떨어진 작은 무언가를 발견하는 순간은, 대개 우리의 시선을 스치듯 지나가 버립니다. 그러나 그때 발걸음을 멈추고 마음을 기울여 '저건 무엇일까?'라는 물음을 품는다면, 우리는 일상의 틈새에서 경이로움으로 향하는 문을 열게 됩니다.

그 문 너머에서 마주할 수 있는 존재 가운데 하나가 바로 점액 곰팡이입니다. 토양 속에 깃든 이 뇌 없는 단세포 생물은 썩은 나무 둥치나 낙엽 더미에서 영양을 빨아들이며 살아갑니다. 끈적한 그물망처럼 몸을 펼쳐 천천히 이동하며 먹이를 찾아 헤매는 모습은, 마치 보이지 않는 무엇인가가 생명을 이끌어 가는 듯한 인상을 줍니다. 한때는 곰팡이와 같은 균류로 여겨졌으나, 지금은 아메바의 일종으로 이해되고 있습니다.

흥미로운 점은, 이 단순해 보이는 생물이 보여 주는 놀라운 행동입니다. 과학자들은 점액 곰팡이가 복잡한 미로를 통과할 때 최단 경로를 찾아낸다는 사실을 밝혀냈습니다.

부아소 등은 점액 곰팡이와 오트밀 간식 사이에 작은 다리를 놓고, 다리에 카페인이나 키닌 같은 쓴맛 물질을 발랐습니다. 이 물질들은 점액 곰팡이가 보통 피하는 것이지만, 소량은 해롭지 않습니다. 처음에는 다가가기를 주저하던 점액 곰팡이는 오트밀을 향한 강한 선호를 드러내듯 해결책을 찾아냈습니다. 긴 덩굴손을 뻗어 쓴맛 나는 다리를 조심스럽게 건넌 뒤, 나머지 몸을 빠르게 따라 움직였습니다. 시간이 지날수록 점액 곰팡이는 점점 더 빠르고 능숙하게 다리를 건너기 시작했고, 약 일주일 후에는 마치 장애물이 없는 것처럼 자연스럽게 이동했습니다. 과학자들이 물질을 바꾸자 다시 경계했지만, 위험이 없다는 것을 확인한 후에는 주저 없이 다리를 건넜습니다. 이 실험을 진행한 부아소는 "학습은 우리가 생각하는 것보다 훨씬 더 보편적일 수 있습니다."라고 말했습니다.

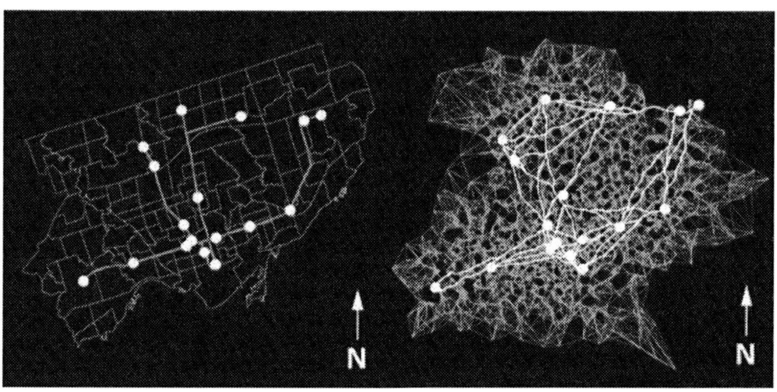

또 다른 실험에서는 점액 곰팡이가 미로에서 가장 짧은 경로를 찾는 능력을 보여 주었습니다. 30cm 정사각형 한천 배지 위에 일본

의 특정 도시들을 표시하고, 도시의 크기에 따라 미끼를 비례하여 배치했습니다. 산, 강이나 바다를 나타내는 지역은 빛에 노출시켜 점액 곰팡이가 피하도록 유도했습니다. 그 결과, 점액 곰팡이가 형성한 네트워크는 실제로 인간이 설계한 철도 시스템과 유사한 구조를 보였습니다.

점액 곰팡이는 단순히 미생물의 한 종류일 뿐이라고 생각하기 쉽습니다. 하지만 이 작은 생명체는 우리가 가진 상식을 뒤흔드는 놀라운 능력을 보여 줍니다. 미로를 풀고, 학습하며, 기억까지 할 수 있다는 사실은 많은 과학자를 놀라게 했습니다.

일반적으로 학습에는 세 단계가 필요하다고 알려져 있습니다. 먼저 어떤 자극에 반응하고, 그 순간을 기억하며, 이후에는 그 기억을 바탕으로 행동을 바꾸는 과정입니다. 우리는 오랫동안 이런 학습이 뇌와 수많은 신경세포가 있어야만 가능한 것으로 생각해 왔습니다. 그런데 뇌도, 신경계도 없는 단세포 생물인 점액 곰팡이가 이러한 과정을 보여 주고 있는 것입니다.

어떻게 이런 일이 가능할까요. 일부 과학자들은 점액 곰팡이의 능력이 원시적인 형태의 의식을 드러내는 것일지도 모른다고 주장합니다. 신경계 없는 의식이라니, 정말 놀랍지 않나요.

우리는 아직 신경이 없는 유기체가 어떻게 이런 놀라운 행동을 할 수 있는지 완전히 이해하지 못하고 있습니다. 일부 과학자들은 유전자의 스위치를 켜고 끄는 방식으로 과거의 경험을 세포 안에 저장하는 메커니즘을 통해, 신경계 없는 생물도 기억하고 학습할 수 있다고 합니다. 만약 이 가설이 사실이라면, 그것은 세포를 포함해 모든 생명체의 기억 능력에 대해 새로운 시각을 열어 주는 혁명적인 통찰이 될 것입니다. 그리고 이 모든 발견은 생명 그 자체가 의식을 품고 있을 가능성을 조심스럽게 제시합니다.

예를 들어, 생명체는 저마다의 방식으로 세계를 인식하고, 변화에 반응하며, 생존을 위한 전략을 세워 왔습니다. 그것은 단순한 반사적 움직임이 아니라, 마치 내면의 목소리에 귀 기울이는 듯한 섬세한 조율입니다. 그렇지 않고서야 어떻게 수많은 종이 끊임없이 변화하는 환경 속에서 그 변화에 적응하며 진화해 왔을까요.

결국 신경계가 전혀 없는 가장 원시적인 아메바 유사 생물인 점액 곰팡이조차도, 마치 신경계가 필요한 것처럼 보이는 정교한 행동을 한다는 사실은 생명과 지능 그리고 의식의 기원에 관한 근본적인 질문을 다시 제기합니다.

생각해 보면, 생명은 의식을 지닐 수밖에 없습니다. 아니, 어쩌면 의식은 생명의 본질적인 속성일지도 모릅니다. 그것은 눈에 보이지 않지만 생명의 숨결 속에 깃들어 있으며, 무수히 많고 경이로운 방식으로 모습을 드러냅니다. 어떤 생명은 빛을 향해 몸을 틀고, 또 어떤 생명은 기억을 품은 듯 과거의 흔적을 따라 움직입니다. 이러한 행동은 단순한 생화학적 반응을 넘어 존재의 깊은 울림처럼 다가옵니다.

따라서, 생명은 단순한 물질의 조합이 아니라 기억하고 반응하며, 때로는 선택하는 존재입니다. 그 속에는 아직 밝혀지지 않은 수많은 이야기가 잠들어 있고, 우리는 그 이야기의 첫 장을 이제 막 펼치려는 중일지도 모릅니다.

사회적 곤충 군집의 군집 지능

✦

생물 군집은 생태학에서 동일한 지리적 공간을 공유하며 살아가는 두 종 이상의 생물 집단 혹은 하나의 종 내 다양한 개체들의 집합을 의미합니다. 이들은 단순히 공간을 공유하는 것이 아니라 상호 작용을 통해 에너지, 정보 그리고 물질을 교환하며, 복잡한 생태적 관계망을 형성합니다.

예를 들어, 생물 군집은 주변 환경으로부터 다양한 정보를 수집하고 이를 내부 상태와 결합하여 지속적으로 업데이트합니다. 이러한 정보 처리 과정을 통해 생존과 번식을 위한 전략을 조율하고, 개체 간 협력과 경쟁을 조절하며, 환경과의 균형을 이루는 방향으로 행동을 결정합니다. 따라서 생물 군집은 단순한 집합체가 아니라, 마치 하나의 유기체처럼 작동하는 생태적 인지 시스템으로 이해할 수 있습니다.

특히 곤충 군집을 포함한 모든 생물학적 시스템은 다양한 수준의 복잡성을 지닌 네트워크로 구성되어 있으며, 그 안에는 정보의 흐름, 역할 분담, 피드백 조절 같은 정교한 메커니즘이 존재합니다.

예를 들어 개미나 꿀벌 군집은 개체 하나하나는 단순한 행동을 보이지만, 전체 군집은 놀라운 수준의 문제 해결 능력과 환경 적응력을 발휘합니다. 이는 개체 수준의 단순성에서 집단 수준의 지능이 새롭게 나타나는 대표적 사례라 할 수 있습니다.

이 지점에서 중요한 질문이 떠오릅니다. 이러한 군집 기반의 네트워크는 단순히 협력만을 위한 구조일까요, 아니면 의식이라 불릴 수 있을 만큼 정교하고 자율적인 무언가를 지닌 것일까요.

아직 이 질문에 대한 명확한 해답은 없습니다. 하지만 군집이 보여 주는 정보 처리 능력, 환경 적응력 그리고 집단적 의사 결정의 정교함은 우리가 의식의 정의를 다시 생각하게 만듭니다. 의식이 반드시 개별 뇌에만 국한된 현상인지, 아니면 집단적 상호 작용 속에서도 피어날 수 있는 현상인지에 대한 탐구는 생명과 인지의 경계를 확장하는 새로운 사유의 지평을 열어 줍니다.

군집 구조에 대해 가장 많이 연구된 예는 바로 개미와 벌입니다. 이들은 높은 수준의 조직력과 협업 능력을 보여 주며, 각각의 개체는 분명한 역할과 목적을 가지고 움직입니다.

예를 들어 부엌에서 혼자 돌아다니는 개미를 본 적이 있다면, 단순히 길을 잃은 개미가 아니라 정찰 개미일 가능성이 큽니다. 정찰 개미는 둥지 밖을 탐색하며 먹이나 자원을 찾는 역할을 합니다. 먹이를 발견하면 같은 종의 동물끼리 의사소통을 위해 체외로 방출하는 화학 물질인 페로몬 흔적을 남기며 돌아와 다른 개미들에게 그 위치를 알립니다. 그러면 다른 개미들이 이 냄새를 따라 먹이가 있는 곳으로 이동하게 됩니다. 이렇게 해서 부엌에 개미들이 몰려드는 것입니다.

벌 무리에도 정찰 역할을 맡는 개체가 있습니다. 주로 경험이 풍부한 벌들이 정찰 벌이 되어 꿀, 꽃가루, 물, 서식지 등을 찾기 위해 주변을 탐색합니다. 꽃꿀이 부족할 때는 다른 벌집의 위치를 파악해 약탈하기도 합니다.

정찰 벌은 먹이의 위치와 품질을 평가한 뒤 벌집으로 돌아와, 꼬리 춤이라 불리는 독특한 몸짓 언어로 다른 벌들에게 정보를 전달합니다. 꼬리 춤은 먹이의 방향, 거리, 품질을 표현하며, 먹이가 우수할수록 춤의 강도와 활발함이 커집니다. 다른 벌들은 이 춤을 해석하고 추천된 먹이를 찾아 나섭니다.

예를 들어 꿀벌이 맛있는 먹이를 발견하면, 둥지로 돌아와 꼬리를 좌우로 흔들며 직선으로 움직이다가 반원을 그려 다시 원점으로 돌아옵니다. 이어서 반대 방향으로 반원을 그리며 같은 동작을 반복하는데, 이렇게 만들어지는 8자 모양의 춤을 통해 다른 벌들에게 먹이의 위치를 알립니다.

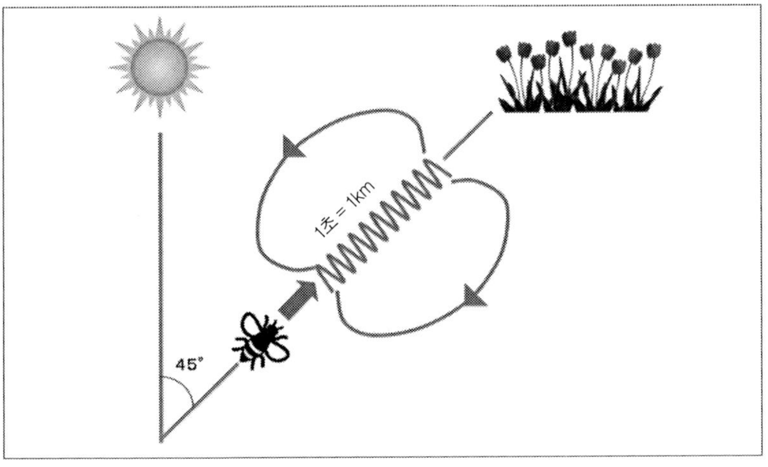

이때 태양의 위치를 기준으로 방향을 전달하고, 춤의 지속 시간으로 거리를 표현합니다. 예컨대 오른쪽 45도 방향으로 1초 동안 춤을 추면, 태양으로부터 45도 방향으로 1km 떨어진 곳에 꽃이 있다는 뜻입니다. 먹이의 풍부함이나 질은 흔들림의 강도와 궤적을 돌아오는 속도로 표현됩니다. 더 강하고 빠른 움직임은 더 좋은 먹이를 의미합니다.

이처럼 개미나 벌의 정찰 개체는 정보를 수집하고, 집단을 위해 전략적 결정을 내리는 중요한 역할을 합니다. 그러나 새로운 둥지를 선택하거나 자원을 공유하는 과정에서 열악한 조건의 장소는 수용되기까지 시간이 더 오래 걸리기도 합니다. 무엇이 집단의 승인 기준을 결정하는지는 아직 명확히 밝혀지지 않았습니다.

또한, 벌은 단순한 학습뿐만 아니라 기억과 예측도 할 수 있습니다. 예를 들어 설탕이 주어지는 시간 간격에 따라 반응하도록 훈련된 벌은 이후 스스로 다음 설탕이 나올 시점을 예측해 반응할 수 있었습니다. 이들은 과거의 경험을 기억하고 새로운 상황에 이를 적용할 수 있는 능력을 보이며, 미로 같은 복잡한 환경에서도 지형과 방향 신호를 기억해 효율적으로 이동할 수 있습니다.

개미도 뛰어난 구분 능력을 갖추고 있어, 같은 둥지에 속하지 않은 개미에게는 더 공격적인 반응을 보입니다. 이는 개미가 후각, 시각 등 다양한 감각을 이용해 자기 집단과 외부 개체를 구별할 수 있음을 보여 줍니다. 물론 다른 둥지에 몰래 들어가는 사회적 기생 개미처럼 예외도 존재하지만, 대부분은 자기 군집을 우선으로 보호합니다. 벌도 마찬가지로 침입자를 감지하면 페로몬으로 다른 벌을 불러 공격에 나섭니다. 이러한 행동은 단순한 본능적 반응이 아니라, 일종의 자기 인식과 군집 인식을 바탕으로 한 행동으로 해석될 수 있습니다.

결국 개미나 벌의 군집은 단순한 생물 집단이 아닙니다. 그것은 수많은 개체가 하나의 유기체처럼 움직이며, 정교한 정보 처리와 기억, 판단 능력을 공유하는 살아 있는 네트워크입니다. 이들은 마치 생명의 작은 회로처럼 서로 연결되어, 환경의 변화에 대응하고 집단의 생존을 위한 전략을 세웁니다.

그 속에서 드러나는 의식은, 우리가 흔히 떠올리는 인간 중심의 의식 개념을 넘어서는, 복잡하고 섬세한 집단적 인식의 형태일지도 모릅니다. 개별 개체는 단순해 보일지라도 그들이 모여 만들어 내는 행동은 놀라울 정도로 정교하며, 때로는 인간 사회를 연상케 할 만큼 조직적입니다. 먹이의 위치를 공유하고, 위협에 맞서 방어 전략을 펼치며, 새로운 환경에 적응하는 그들의 모습은 마치 하나의 거대한 생명체가 사고하고 결정하는 듯한 인상을 줍니다.

물론 이들의 군집 의식이 인간의 의식과 같다고 말할 수는 없습니다. 그러나 그것이 단순하다고만 치부하기에는 그 안에 담긴 정보의 흐름과 행동의 정밀함은 너무나도 풍부하고 깊습니다. 어쩌면 의식이란 단일한 뇌 속에만 존재하는 것이 아니라, 생명들이 서로 연결될 때 피어나는 또 다른 형태의 인식일지도 모릅니다. 그리고 우리가 알고 있던 세계보다 훨씬 더 넓고, 더 깊고, 더 경이로울지도 모릅니다.

사회적 상호 작용 속에서 진화

✦

조류와 포유류는 약 3억 2천만 년 전, 공통 조상에서 분기되어 서로 다른 진화의 길을 걷기 시작했습니다. 그들은 각기 다른 환경과 생존 전략 속에서 독립적으로 발전해 왔습니다. 그러나 이렇게 오랜 시간 동안 분리되어 진화했음에도 불구하고, 두 생물군은 놀라울 정도로 유사한 인지 기능을 발휘합니다. 이는 마치 생명이 각자의 길을 선택하면서도 의식이라는 공통된 언어를 잊지 않고 계승해 온 듯한 모습입니다.

행동의 단순한 유사성을 넘어, 조류와 포유류는 진화적으로 보존된 유전자와 배아 발생 경로에서 깊은 공통점을 공유합니다. 이는 고등 인지 기능의 기원이 특정한 해부학적 구조나 생물학적 조건에만 국한되지 않음을 암시합니다. 비록 신체 구조는 다르지만, 이들이 세상을 인식하고 반응하는 방식은 놀라울 만큼 닮았습니다.

전통적으로 포유류의 대뇌피질은 뉴런이 밀집된 회백질로 구성되어 있습니다. 층상 구조를 이루는 이 영역은 언어, 추론, 자아 인식 등 고차원적 인지 기능을 담당하는 핵심 기관으로 여겨져 왔습니다. 인간의 사고와 감정, 기억의 중심이자 의식의 물리적 기반으로 오랫동안 연구의 중심이 되어 온 구조입니다. 반면 조류는 오랫동안 대뇌피질이 존재하지 않는 것으로 간주했고, 그에 따라 복잡한 인지 능력도 제한적일 것이라는 인식이 지배적이었습니다.

최근 연구들은 기존의 오래된 통념을 완전히 뒤집고 있습니다. 새의 팔리움은 머리 앞쪽에 위치하며, 포유류의 대뇌피질과 유사한 기능을 수행하는 구조로 알려져 있습니다. 배아 발생 과정에서도 포유류의 대뇌피질과 동일한 기원을 공유하며, 여러 층으로 배열된 뉴런들이 기둥처럼 연결되어 복잡한 구조를 형성합니다.

그동안 포유류만의 전유물로 여겨졌던 이런 신경 구조가 새의 뇌에서도 발견되면서, 조류의 뇌 역시 놀라울 만큼 정교한 사고와 인지 능력을 지닐 수 있다는 사실이 새롭게 주목받고 있습니다. 비록 세부적인 형태나 조직 방식에는 차이가 있지만, 발달 과정과 기능 면에서는 두 생물군 모두 유사한 역할을 수행합니다. 이는 고등 인지 기능이 특정한 해부학적 구조에만 의존하지 않고, 진화적으로 다양한 경로를 통해 유사한 기능적 결과에 도달할 수 있음을 보여줍니다. 다시 말해, 의식과 인지의 기반은 단일한 형태가 아니라, 생명의 다양성 속에서 반복적으로 등장하는 전략일 수 있습니다.

변연계 역시 주목할 만한 사례입니다. 이 구조는 감정, 동기, 기억 등을 담당하며, 특히 포유류에서 잘 발달되어 있다고 알려져 있습니다. 한때는 포유류에게만 고유한 뇌 구조로 여겨졌지만, 현대 과학은 조류의 뇌에서도 변연계와는 형태나 기능은 다르더라도 발생학적으로 같은 기원을 가지며 공통 조상으로부터 유래했을 구조가 존재할 수 있다는 가능성을 제시하고 있습니다. 이처럼 조류와 포유류는 서로 다른 형태의 뇌 구조를 가졌음에도 불구하고, 기능적으로는 놀라울 만큼 유사한 방식으로 진화해 왔다고 볼 수 있습니다. 이러한 진화적 수렴은 조류도 의식, 감정, 학습 능력과 같은 고등 인지 기능이 발달할 수 있었던 근거가 됩니다.

최근 연구에 따르면 조류의 뇌는 포유류보다 작지만, 조류의 뉴런은 더 작고 밀도가 높아 같은 크기의 대뇌피질에서도 더 많은 뉴런을 포함할 수 있습니다. 예를 들어, 까마귀의 뇌는 약 15억 개의 뉴런을 포함하고 있어 일부 원숭이 종과 비슷한 수준이며, 이는 까마귀의 전반적인 지능이 고릴라와 같은 유인원에 근접할 수 있음을 시사합니다. 뉴런 간 밀도가 높을수록 정보 전달이 더욱 신속하고 효율적일 수 있으며, 이는 까마귀의 뛰어난 인지 능력을 설명해 주는 단서가 됩니다.

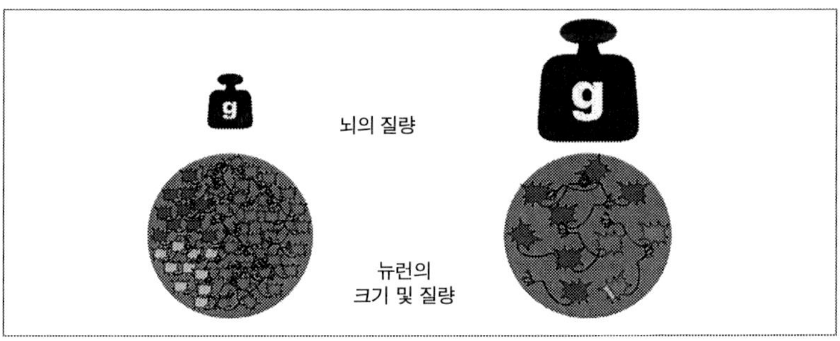

실제로 까마귀는 매우 정교한 도구 사용 능력을 보여 줍니다. 딱딱한 견과류를 도로에 떨어뜨려 지나가는 차량을 이용해 껍질을 깨뜨리는 행동이 관찰됩니다. 또한 곤충을 잡기 위해 막대기를 사용하거나, 구멍의 크기에 맞는 도구를 선별해 사용하는 능력 등은 모두 까마귀의 도구 제작과 활용 능력을 보여 줍니다. 까마귀는 때로는 철사 조각을 갈고리 모양으로 구부려 도달할 수 없는 먹이를 끌어내기도 합니다. 이는 단순한 도구 사용을 넘어 문제 해결과 창의성, 예측할 수 있는 계획 행동이 동반된 고차원적 사고를 보여 줍니다.

까마귀의 사회적 협력은 매우 인상적입니다. 무거운 먹이를 옮길 때 혼자 힘을 쓰기보다 동료를 불러 함께 협력하는데, 이때는 아무 동료와 손을 잡는 것이 아니라 평소 더 친밀한 개체를 먼저 찾는 경향을 보입니다. 이는 사회적 유대와 감정적 선호가 인지적 판단에 영향을 미친다는 사실을 잘 보여 줍니다.

또한 일부 까마귀는 눈 덮인 지붕이나 자동차 위에서 일부러 미끄러지며 노는 의도적인 놀이 행동을 하기도 하고, 괴로워하는 동료를 위로하는 듯한 모습까지 관찰된 바 있습니다.

이처럼 까마귀를 면밀히 관찰하면, 이들이 단순히 영리한 새가 아니라 고도의 지능과 정서적 복잡성을 지닌 존재임을 확인할 수 있습니다. 최근에는 까마귀를 비롯한 일부 조류가 문제 해결, 도구 사용, 심지어 자기 인식과 같은 고차원적 인지 능력을 가질 수 있다는 주장이 힘을 얻고 있습니다.

흥미롭게도 이러한 고차원적 인지 행동은 까마귀, 앵무새, 유인원 등 사회적으로 살아가는 동물들 사이에서 공통으로 나타납니다. 이들은 모두 무리 속에서 살아가며, 개체 간의 관계가 생존과 번식에 결정적인 영향을 미칩니다. 그래서 과학자들은 "의식이란, 어쩌면 이러한 사회적 상호 작용 속에서 진화한 결과일지도 모른다"고 말합니다. 이런 관점에서 보면, 인간의 의식 역시 집단생활 속에서 발생한 사회적 피드백과 관계의 복잡성 속에서 점진적으로 진화해 온 것일 수 있습니다.

인간만의 영역인가

✦

바다, 호수, 수족관에서 유영하는 물고기 떼를 바라보면, 우리는 종종 그들의 놀라울 정도로 정교하고 동기화된 움직임에 경외감을 느낍니다. 수천 마리의 물고기가 마치 하나의 유기체처럼 방향을 바꾸고 속도를 조절하는 모습은 단순히 시각적으로 아름다울 뿐만 아니라, 자연에서 가장 정교한 집단행동 중 하나로 평가됩니다.

그렇다면 이 작은 개체들은 어떻게 그렇게 정밀하게 움직임을 조율하고, 동시에 같은 방향으로 반응할 수 있는 걸까요. 특히 포식자의 공격을 피하거나 복잡한 수중 환경을 탐색하는 상황에서도 어떻게 질서 있는 대형을 유지할 수 있는지에 대한 질문은 오랫동안 과학자들과 자연 관찰자들의 호기심을 자극해 왔습니다.

콘스탄츠대학교의 과학자들은 물고기의 집단 이동 구조가 위협 상황에 따라 변화한다는 사실을 밝혀냈습니다. 위협 수준이 높아질수록 물고기들은 더 밀집된 형태로 움직이며 사회적 연결성을 강화하고, 이를 통해 더욱더 빠르고 집단적인 대응이 가능해집니다.

물고기의 집단 이동은 단순히 위험을 회피하거나 방향을 전환하는 데 그치지 않습니다. 최근 연구에 따르면, 난류 환경에서 물고기들은 서로의 위치와 거리, 움직임을 정밀하게 조절함으로써 주변의 혼란스러운 유체 소용돌이로부터 개체를 보호할 수 있다고 합니다.

또한, 물고기의 집단 이동은 세 가지 기본 알고리즘 규칙으로 설명되기도 합니다. 이웃과 같은 방향으로 이동하려는 경향, 무리의 중심에 가까이 머무르려는 경향 그리고 너무 가까워지는 것을 피하려는 경향이 그것입니다. 이 규칙들은 단순하지만, 수천 마리의 개체에 적용될 경우, 매우 복잡하고 유기적인 행동을 창출합니다. 이는 집단 지능이 개체 수준의 단순성에서 비롯될 수 있다는 가능성을 보여 주는 흥미로운 사례입니다.

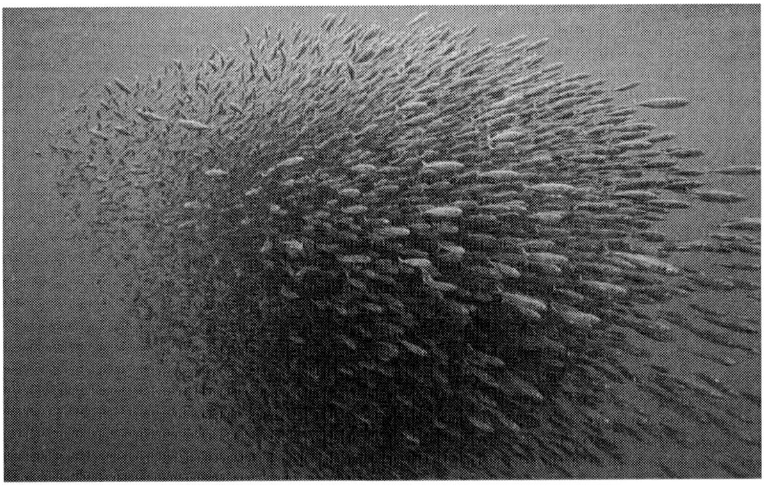

물고기들은 단순히 이동 방향만 공유하는 것이 아니라 위험, 먹이 위치, 환경 변화에 대한 정보도 사회적으로 공유합니다. 예를 들

어, 한 마리가 포식자를 감지해 회피 행동을 시작하면, 그 움직임은 인접한 개체를 통해 순식간에 전파되어 전체 떼가 일제히 반응합니다. 이는 단순한 반사적 반응을 넘어, 정보의 해석과 전달, 공유가 이루어지는 사회적 네트워크로 이해할 수 있습니다. 일부 연구는 모방과 사회적 학습의 증거도 제시하고 있으며, 이는 개체들이 서로로부터 배울 수 있는 능력을 지니고 있음을 시사합니다.

이러한 집단행동은 물리적 에너지 소비 측면에서도 분명한 진화적 이점을 제공합니다. 물은 공기보다 약 50배 더 점성이 높아 유체 저항이 크며, 이로 인해 이동에 필요한 에너지가 훨씬 더 많이 소모됩니다. 또한, 물속의 산소 함량은 공기보다 현저히 낮습니다. 예를 들어, 20°C에서 1리터의 공기에는 약 210mg의 산소가 포함되어 있지만, 같은 온도의 물에는 약 8~10mg의 산소만 녹아 있습니다. 이는 물속 산소 농도가 공기의 약 1/20 수준에 불과하다는 뜻으로, 수생 동물은 에너지 효율을 극단적으로 최적화해야만 생존할 수 있습니다. 따라서 물고기 떼의 협력적 움직임은 전체적인 에너지 소비를 줄이는 데 기여하며, 이는 생존에 있어 중요한 진화적 이점으로 작용합니다.

이처럼 정교한 조율과 환경 반응을 관찰하다 보면 자연스럽게 '물고기는 어떻게 이런 판단을 하는가'라는 의문이 떠오릅니다. 이는 물고기가 단순한 반사적 반응을 넘어, 일종의 의식적 경험이나 인지 능력을 지니고 있는지를 묻는 철학적 질문으로 확장됩니다.

2012년 발표된 케임브리지 선언은 이러한 논의에 중요한 전환점을 제시했습니다. 이 선언은 인간만이 의식을 가진 유일한 존재가 아니라, 포유류와 조류는 물론 문어를 포함한 여러 무척추동물 역시 의식적 경험을 뒷받침할 수 있을 정도로 복잡한 신경 기질을 갖추고 있다는 과학적 합의를 담고 있습니다.

이에 따라 최근의 동물 의식에 관한 논의는 단순히 '동물이 의식을 가지고 있는가 또는 없는가'라는 이분법적 질문을 넘어서고 있습니다. 대신 '어떤 동물이 어떤 형태의 의식을 가지며, 그 경험은 어떤 양상으로 나타나는가'라는, 보다 세분화되고 정교한 질문들로 발전하고 있습니다.

물고기 떼의 동기화된 행동은 단순한 본능의 결과일 수도 있습니다. 그러나 이 행동이 생태적 조건, 사회적 네트워크, 에너지 효율성, 감각 정보의 처리 등 다양한 요소들이 복합적으로 작용한 결과라는 점은, 이를 단순한 기계적 반응으로만 해석하는 데 한계를 제시합니다. 우리는 이제 물고기를 포함한 다양한 동물의 행동에서 집단 지성, 인지적 능력, 심지어 의식의 기원에 대한 실마리를 발견하고자 하는 지점에 와 있습니다. 그리고 자연이 펼치는 이 정교한 안무는 단순한 생존의 몸짓을 넘어선 어떤 의미의 가능성을 우리에게 조용히 시사하고 있습니다.

생명의 깊은 곳에서 피어난 자각의 불꽃

✦

의식은 철학과 과학이 수천 년 동안 그 실체를 이해하려고 노력해 온, 가장 심오하면서도 난해한 수수께끼 중 하나입니다. 우리는 어떻게 외부 세계를 감지하고, 그 속에서 자신을 구별하며, 기쁨과 슬픔, 사랑과 두려움과 같은 감정을 느끼고, 복잡한 사고의 미로를 헤쳐 나갈 수 있게 되었을까요. 이 질문은 단순한 호기심을 넘어, 인간 존재의 본질을 탐색하는 여정의 출발점이 됩니다.

진화론적 관점에서 바라볼 때 의식은 하늘에서 떨어진 번개처럼 갑작스레 생겨난 것이 아닙니다. 그것은 생명의 긴 여정 속에서 서서히 그러나 끈질기게 다듬어진 능력입니다. 맨 처음의 생명체는 마치 칠흑 같은 심해 속에서 깜빡이는 미약한 빛처럼 단순한 감각적 반응만을 지닌 채 존재했습니다. 그러나 그 작은 불씨는 생존이라는 거대한 무대 위에서 수많은 시행착오와 적응을 거치며 점차 타오르기 시작했습니다.

수억 년의 세월 동안, 그 불씨는 생명의 나무를 타고 올라가며 가지를 뻗었습니다. 생물은 점차 외부 자극에 더 정교하게 반응하고,

기억을 저장하며, 과거의 경험을 바탕으로 미래를 예측하는 능력을 갖추게 되었습니다. 그리고 마침내, 어떤 존재들은 거울 속에 비친 자신을 알아보며 나라는 개념을 인식하기 시작했습니다. 이 순간, 의식은 단순한 생존의 도구를 넘어 존재의 의미를 묻는 철학적 생각의 문을 열게 됩니다.

의식의 진화는 마치 한 편의 서사시처럼, 고요한 시작에서 격렬한 전개를 거쳐 오늘날 인간 정신에 이르기까지 이어져 왔습니다. 그것은 생명의 가장 깊은 곳에서 솟아오른 불꽃이며, 우리가 우주를 바라보고 사랑을 느끼며 삶의 의미를 고민할 수 있게 해 주는 내면의 빛입니다.

이러한 진화적 관점은 의식을 단순한 뇌의 부산물이 아니라, 생존과 적응을 위한 생물학적 전략의 결과로 이해하게 합니다. 그렇다면 의식은 어떤 생물학적 조건 아래에서 싹트기 시작했으며, 어떤 과정을 거쳐 오늘날 인간의 고차원적 사고로 이어진 것일까요.

과학자들은 의식이 뇌의 특정 구조와 기능에 의해 형성되며, 이러한 구조와 기능이 진화함에 따라 의식의 복잡성도 함께 증가했다고 설명합니다. 예컨대 전두엽과 두정엽 그리고 다양한 뇌 네트워크는 의식 경험을 생성하는 데 핵심적인 역할을 하는 것으로 알려져 있습니다. 이는 마치 생명이라는 나무가 가지를 뻗으며 더 넓은 인식의 하늘을 향해 자라나는 과정과도 닮았습니다.

의식의 진화는 신경계의 발달과도 밀접한 관련이 있습니다. 실제로 뇌의 특정 부위가 손상될 경우 의식의 변화나 상실이 발생하는 사례는, 의식이 생물학적 기반을 가진 현상임을 보여 줍니다. 이러한 점에서 의식은 단순한 형태에서 점진적으로 더 복잡한 형태로 발전해 왔을 가능성이 큽니다.

의식의 복잡성이 증가함에 따라 다양한 환경에 적응할 수 있는 유연성도 함께 향상되었고, 그 결과, 새로운 정보를 학습하고 경험을 통합하며 미래를 계획하는 등 고차원적 인지 능력으로 이어졌습니다. 예를 들어, 포유류는 발달된 전두엽을 통해 복잡한 사고와 의사 결정을 수행할 수 있으며, 이는 생존을 위한 전략적 사고의 정점이라 할 수 있습니다.

의식의 진화는 생존과 번식의 가능성을 높이는 데 기여했을 것으로 보입니다. 특히 인간과 같은 사회적 동물에게 의식은 사회적 상호 작용을 원활하게 하고, 타인의 감정과 의도를 이해하며, 협력과 소통을 통해 사회적 유대를 강화하는 데 중요한 역할을 합니다. 이러한 상호 작용은 집단의 생존과 번식에 긍정적인 영향을 미칩니다. 서로의 마음을 비치는 거울처럼, 의식은 사회적 관계 속에서 더욱더 또렷하게 드러납니다.

따라서 의식은 외부 자극의 인식, 위험 감지, 자원 탐색, 사회적 관계 형성 등을 통해 생존에 유리하게 작용했으며, 복잡한 문제 해결과 전략적 의사 결정을 가능하게 함으로써 생존율을 높였다고 볼 수 있습니다.

한편, 이러한 의식의 점진적인 진화 과정과는 별개로, 생명체의 출현 자체는 비생명체와는 근본적으로 다른 특성을 보인다고 보는 견해도 존재합니다. 생명체는 자기 조직화, 신진대사 등 비생명체에서는 관찰되지 않는 기능을 갖추고 있으며, 일부 과학자들은 이러한 물리적 변화 속에서 의식이라는 현상도 함께 출현했을 가능성을 제기합니다. 마치 물질의 정적 속에서 자각의 불꽃이 피어난 것처럼 말입니다.

그러나 의식이 진화를 통해 발생했다는 주장은 여전히 해결되지 않은 의식의 어려운 문제를 남깁니다. 예를 들어, 우리가 무의식적 존재라고 간주하는 생물들도 유사한 인지 기능을 수행할 수 있다면 어떤 조건에서 현상적 경험이 발생하는가에 대한 명확한 기준은 여전히 불확실합니다. 반대로, 모든 생명체에 의식이 존재한다고 가정할 경우 설명은 단순해지지만, 그만큼 과학적 설명력은 약화될 수 있습니다.

이처럼 다양한 관점과 이론들은 의식의 기원을 이해하려는 시도에 기여하고 있으며, 진화론적 접근 역시 의식에 대한 중요한 통찰을 제공합니다. 다만, 의식의 기원은 아직 명확히 밝혀지지 않았으며, 과학적·심리학적·철학적 관점에서의 활발한 논의와 연구는 현재도 계속되고 있습니다.

진화 과정에서 선택해 온 가장 정교한 도구

✦

의식이란 무엇일까요. 그것은 단순히 '나는 존재한다'라는 자각에 머무르지 않습니다. 의식은 마치 얇은 막처럼, 자신과 세계 사이에 펼쳐진 투명한 경계입니다. 우리는 그 경계를 통해 바깥세상을 바라보고, 그 너머에서 다가오는 자극을 받아들입니다. 그리고 모든 감각과 반응, 기억과 해석이 하나로 얽혀 경험이라는 살아 있는 순간을 만들어 냅니다.

의식은 어느 한 지점에 고정되지 않고 흐릅니다. 물처럼, 빛처럼, 때로는 바람처럼. 감각은 그 위를 미끄러지며, 감정은 잔잔한 파동을 일으키고, 판단은 그 깊이를 흔들며 지나갑니다. 이 흐름 속에서 우리는 스스로를 인식하고 세상을 해석하며, 마치 실을 엮어 천을 짜듯 나라는 존재를 서서히 만들어 갑니다.

의식을 우리는 흔히 나 자신이라 말하지만, 그것은 단순한 자아 인식이나 생각의 부산물로 환원되지 않습니다. 의식은 층을 이루고, 결을 가지며, 때로는 말없이 깊어지는 정신의 구조입니다. 마치 끊임없이 새로 짜여지는 음악처럼, 순간순간이 이어져 하나의 삶을 만들어 갑니다.

현대의 과학과 심리학은 이제 의식을 단지 주관적 경험으로만 보지 않습니다. 최근의 연구들은 의식을 사고나 감정의 부산물이 아닌, 생물학적 생존과 사회적 관계 유지를 위한 진화적 산물로 바라보고 있습니다. 즉, 의식은 우연히 발생한 현상이 아니라, 살아남기 위해, 연결되기 위해 생명의 역사 속에서 만들어진 전략이자 수단입니다. 의식은 환경을 탐지하고 타인을 이해하며 집단 속에서 협력하기 위해 작동하는 복잡한 인지적 틀로써, 생명체가 진화 과정에서 선택해 온 가장 정교한 도구 중 하나입니다.

의식은 인간에게 있어 단순한 장식이 아니라 생존을 위한 핵심적인 수단으로 작용합니다. 모든 생명체는 외부 세계로부터 끊임없이 감각 정보를 받아들이고 그에 따라 반응하며 살아갑니다. 그러나 단순한 반사적 반응만으로는 복잡하고 예측할 수 없는 환경에 효과적으로 적응하기 어렵습니다.

이때 의식은 다음과 같은 방식으로 생존을 돕습니다. 다가오는 위협을 미리 인지하고 이를 회피하기 위한 행동을 계획합니다. 머릿속에서 다양한 가능성을 가상으로 실험한 뒤 가장 적절한 해법을 선택합니다. 또한 과거의 경험을 축적하여 미래를 예측하고 사전에 대비할 수 있게 합니다.

예를 들어, 우리가 물체를 들기 전에 그 무게를 짐작하고 손의 힘을 조절하는 과정은 단순한 반응이 아닙니다. 시각 정보와 촉각, 과거의 기억이 통합되어 이루어지는 고도의 신경적 조정이며, 그 과정에는 분명한 의식적 경험이 동반됩니다. 배고픔, 피로, 통증과 같은 생물학적 감각 역시 의식을 통해 자각될 때에만 행동으로 이어집니다. 배고픔을 느낀다는 것은 단순히 위의 상태를 의미하는 것이 아니라, 음식을 먹도록 유도하는 정교한 생존 신호입니다.

따라서 의식은 우리 몸의 신호를 읽어 내고, 그에 적절히 반응함으로써 생명을 유지하는 데 필수적인 역할을 합니다. 그러나 인간은 단지 생물학적 존재에 머물지 않습니다. 우리는 타인과 관계를 맺고 공동체 안에서 정체성을 형성하며, 사회적 규범 속에서 삶의 의미를 만들어 갑니다. 이때 의식은 생존을 넘어 사회적 기능을 수행하는 정교한 장치로 작용합니다.

예컨대 우리는 나와 타인을 인식함으로써 정체성을 형성하고, 사회적 관계에서 경계를 설정합니다. 또한 타인의 시선을 의식하며 행동을 되돌아보고, 사회적 맥락에 따라 스스로를 조절합니다. 더 나아가 사회적 규칙과 도덕적 기준을 내면화하여 공동체와 조화를 이루려 합니다.

우리가 일상에서 단어 하나를 고르고, 상대방의 감정을 배려하며 말하는 순간, 그 모든 섬세한 조율은 의식이 있기에 가능한 일입니다. 언어, 문화, 윤리, 법, 도덕과 같은 사회적 구조는 결국 의식이라는 기반 위에서만 성립될 수 있습니다. 공감 능력, 도덕 판단, 갈등 해결과 협력은 단지 감정이 아닌, 진화하고 학습된 의식의 작용입니다.

의식은 단일한 상태가 아닙니다. 그것은 수면과 각성, 집중과 공상, 자동 반응과 자발적 사고 사이를 유영하는 다층적인 흐름입니다. 그리고 그 흐름은 깨어 있을 때만이 아니라, 잠든 상태에서도 끊임없이 이어집니다.

결국 의식은 단순히 '있다, 없다'로 구분할 수 있는 개념이 아닙니다. 그것은 생물학적 적응을 돕고 사회적 조화를 이루며, 인간 존재의 본질에 닿아 있는 구조입니다. 다양한 단계와 수준을 지닌 살아 있는 체계로써, 의식은 우리가 삶을 이해하고 세상을 의미 있게 구성하도록 이끕니다.

이러한 관점에서 최근 제기된 한 이론은 의식을 내면의 시뮬레이터로 설명합니다. 의식은 머릿속에서 여러 시나리오를 미리 실험하게 하며, 이를 통해 감정을 경험하고 미래를 예측하도록 합니다. 즉, 의식은 단순한 인식 능력을 넘어 앞으로의 행동을 설계하고 가능성을 준비하게 하는 메커니즘입니다.

그리고 이 능력은 자연스럽게 우리가 자신과 타인을 이해하고 공동체 속에서 살아가도록 만듭니다. 의식은 우리를 연결하고, 때로는 구별하며, 결국 인간 존재의 깊은 곳을 비추는 불꽃처럼 작동합니다. 그 빛은 희미해질 때도 있지만, 계속해서 우리 삶을 밝혀 나갑니다.

2부

뇌의 연결 고리

기억은 이야기다

오래전의 일이다.

몇 번의 만남, 그중 하나의 저녁. 버스 정류장 불빛 아래서

우리는 마주 서 있었다.

그녀는 말없이 웃었고, 나는 무심코 손을 흔들었다.

돌아서려는 내게 그녀가 말했다.

"왜 한 번도 집까지 바래다주지 않아요."

그 말이, 이상하리만치 또렷하다.

하지만 그 외의 것들은 흐릿하다.

그날 그녀가 어떤 옷을 입었는지,

나는 어떤 표정을 짓고 있었는지,

주변에 무슨 노래가 흘러나왔는지는 도무지 기억나지 않는다.

기억이란 본래 그런 것이다.

뇌는 비디오처럼 모든 장면을 정확히 기록하지 않는다.

오히려 한 사람의 작가처럼, 느리고 은근하게,

감정의 결을 따라 이야기를 엮는다.

우리는 사건을 기억하는 것이 아니라,

그 사건이 우리에게 남긴 의미를 기억한다.

그래서 때때로 사실은 흐릿해지고, 감정은 짙어지며,
어떤 말은 과장되고, 어떤 표정은 덧칠된다.
당시의 감정, 지나간 시간의 해석,
지금의 내가 바라보는 시선이 한데 어우러져
하나의 장면이 다시 쓰인다.
그녀의 그 말, "왜 바래다주지 않냐"고 했던 투정도
어쩌면 실제보다 더 부드럽거나 혹은 더 아프게 기억되는 건
그 말이 내게 남긴 무언가가 있었기 때문일 것이다.
기억은 정직한 기록이 아니다.
그러나 때로, 그것은 진실보다 더 진실하다.
우리는 모두 자기 인생의 편집자고, 삶의 이야기꾼이다.
그리고 그렇게 기억 속에서 누군가는 여전히 말하고,
웃고, 돌아선다.

뇌가 만들어 낸 추측

✦

우리가 세상을 바라볼 때, 눈앞에 펼쳐지는 장면은 단순히 보는 것 이상의 과정을 통해 형성됩니다. 시각 정보는 눈 속 망막의 광수용체에서 시작됩니다. 이 작은 세포들은 빛을 감지해 전기 신호로 변환하고, 그 신호는 시신경을 따라 뇌의 시각 피질로 전달됩니다.

이후 뇌에서는 수많은 뉴런이 협력하여 이 정보를 단계적으로 처리합니다. 처음에는 단순한 빛의 점들이 인식되고, 그것들이 선으로 연결되며, 선은 다시 형태와 윤곽을 이룹니다. 여기에 색, 깊이, 질감 등의 요소가 덧붙여지면서 우리는 비로소 하나의 완전한 장면을 인식하게 됩니다.

우리가 본다고 느끼는 세계는, 실은 수많은 신경 회로가 짧은 순간에 만들어 내는 복잡하고 정교한 작품이라 할 수 있습니다. 그런데 이 과정은 단순히 보는 것에 그치지 않습니다. 우리는 눈앞의 장면을 해석하고, 의미를 부여하며, 과거의 경험과 연결 짓는 과정을 동시에 수행합니다. 같은 풍경이라도 사람마다 다르게 느끼고 기억하는 이유는 바로 이 해석의 차이에서 비롯됩니다. 즉, 지각은 단순한 감각의 수용이 아니라 뇌가 능동적으로 세계를 구성하는 창조적 활동인 셈입니다.

이처럼 감각 기관을 통해 외부 세계의 정보를 받아들이고 해석하는 과정을 우리는 지각이라 부릅니다. 반면, 지각을 통해 경험한 정보를 저장하고 이후 다시 떠올리는 과정을 기억이라고 합니다. 그런데 여기서 한 가지 의문이 생깁니다. 우리가 기억하고 있다고 믿는 것 중 실제로 일어난 그대로 보존된 정보는 과연 얼마나 될까요.

흔히 기억은 과거의 장면을 사진이나 영상처럼 저장한다고 생각하지만, 실제로 뇌는 그런 방식으로 작동하지 않습니다. 기억은 정적인 기록이 아니라 매 순간 재구성되는 추측에 더 가깝습니다. 뇌는 비디오카메라처럼 모든 장면을 객관적으로 저장하는 장치가 아니라, 오히려 이야기꾼처럼 생존과 적응에 유리한 방식으로 정보를 요약하고 재조립합니다.

그렇다고 해서 기억이 거짓이라는 뜻은 아닙니다. 다만 뇌는 모든 세부 사항을 저장하기보다는 중요한 맥락이나 감정, 의미 중심의 정보를 남기고, 나머지는 필요에 따라 유연하게 다시 써 내려갑니다. 이러한 재구성 과정은 뇌가 감각 정보의 일부를 바탕으로 전체를 예측하거나 보완하기 때문에 발생합니다. 착시 현상은 이를 잘 보여 주는 예입니다.

예컨대, 시각 정보가 불완전하거나 모호할 때, 뇌는 그 공백을 과거의 경험과 패턴을 통해 자동으로 채우려 합니다. 이 과정에서 실제와는 다른 이미지가 인식되기도 하는데, 이는 우리가 보고 기억하는 세계가 완전히 객관적인 것이 아님을 시사합니다.

그렇다면 기억은 과연 얼마나 정확할까요. 기억은 단지 과거 사건을 저장하는 기능에 그치지 않고, 매번 떠올릴 때마다 재구성되는 역동적인 과정입니다. 고정된 데이터가 아니라 우리의 감정, 상황, 기대, 심지어는 현재의 신념에 따라 조금씩 바뀔 수 있는 이야기 구조를 지닙니다.

심리학에서는 이를 건설적 기억이라 부릅니다. 이 개념에 따르면, 기억은 저장과 인출의 순간마다 재통합 과정을 거치며, 그 과정에서 왜곡이 일어날 수 있습니다. 이러한 왜곡은 연구를 통해서도 확인됩니다.

한 연구 사례를 보면 흥미롭습니다. 심리학 연구에서 <O. J. 심슨 살인 사건>의 평결 발표 후 15개월 및 32개월이 지난 시점에 대학생들에게 당일 뉴스를 어떻게 접했는지 질문했습니다. 과학자들은 이들의 응답을 사건 직후 3일 이내에 기록한 초기 답변과 비교했습니다. 그 결과, 15개월 후에는 기억의 약 50%가 매우 정확했고, 중대한 오류는 11%에 불과했습니다. 그러나 32개월이 지나자 정확한 기억은 29%로 감소했고, 응답자의 40% 이상이 심각한 왜곡을 포함한 오류를 가지고 있는 것으로 나타났습니다.

시간이 지남에 따라 기억은 마치 손때 묻은 책처럼 조금씩 바뀝니다. 어떤 부분은 흐려지고, 어떤 부분은 새롭게 덧붙여지기도 합니다. 그렇다면 이러한 기억의 왜곡은 단점일까요. 반드시 그렇지는 않습니다. 기억은 단순히 과거를 보존하는 장치가 아니라, 과거를 통해 현재를 이해하고 미래를 준비하는 도구이기도 합니다.

실제로, 지나간 경험을 있는 그대로 기억하는 것보다 상황에 맞게 재해석하고 거기서 교훈을 도출하는 것이 생존에 훨씬 더 유리했을지도 모릅니다. 따라서, 어느 정도의 왜곡은 기억 체계의 본질적인 특징이자 진화적 장점일 수 있습니다. 하지만 이 재구성 능력이 지나치게 부정적이거나 편향된 방향으로 작용할 경우, 문제가 될 수 있습니다.

실제로 우울증이나 불안장애를 겪는 사람들은 과거의 기억을 왜곡된 방식으로 재구성하고, 부정적인 정보에 더욱 민감하게 반응하는 경향을 보입니다. 그 결과, 이미 지나간 사건임에도 끊임없이 자신을 자책하거나 과장된 공포를 현재에도 지속해서 느끼게 됩니다.

결국 우리의 기억은 정확한 기록이 아니라 현재의 마음 상태와 끊임없이 상호 작용 하는, 살아 있는 이야기입니다. 그리고 이 이야기는 때로는 우리를 위로하고, 때로는 우리를 괴롭히며, 우리의 정체성과 현실 인식을 형성해 나갑니다.

인지하는 것을 믿을 수 있을까

✦

손끝이 닿는 순간, 세상은 온도로 말을 건넵니다. 피부에 스치는 바람, 금속 손잡이의 냉기, 따뜻한 머그잔의 열기 모두 말 없는 언어로 우리에게 메시지를 전합니다. 어느 날은 햇살이 부드럽게 살갗을 감싸며 따스한 위로를 전하고, 또 다른 날은 얼음장 같은 공기가 뺨을 스치며 경고를 속삭입니다. 따뜻함과 차가움은 단순한 감각을 넘어, 우리 감정과 행동을 지배하는 신호로 작용합니다.

뜨거운 와플 기계와 얼음덩어리. 하나는 타오르는 열기를 뿜어내고, 다른 하나는 숨이 막힐 정도의 냉기를 품고 있습니다. 겉보기에는 전혀 닮지 않은 이 둘은, 놀랍게도 하나의 공통점을 공유합니다. 바로 고통을 유발할 수 있다는 점입니다. 손을 대는 순간, 우리는 움찔하고 때로는 반사적으로 몸을 뒤로 움직입니다. 고온과 저온은 정반대의 자극이지만, 우리의 신체는 이를 모두 위험으로 간주하고, 똑같이 통증이라는 경고음을 울립니다.

그렇다면 왜 우리는 이러한 자극에서 고통을 느끼는 걸까요. 통증은 단순히 불쾌함을 주는 감각이 아닙니다. 그것은 신체가 스스로를 보호하기 위해 마련한 정교하고 복잡한 경보 시스템입니다. 예를 들어, 손이 뜨거운 난로나 끓는 물에 닿았을 때 우리는 고통이라는 자극을 통해 손을 재빠르게 치우게 됩니다. 이 반응은 생존을 위한 본능적인 작동이며, 만약 이러한 고통을 느끼지 못한다면 우리는 큰 부상이나 조직 손상을 입기 쉬울 것입니다.

우리의 피부는 열, 압력, 화학물질 등 다양한 외부 자극에 민감하게 반응합니다. 이러한 반응은 감각 뉴런의 활성화로부터 시작되며, 자극이 감지되면 세포막에 존재하는 막 단백질인 이온 채널이 작동합니다.

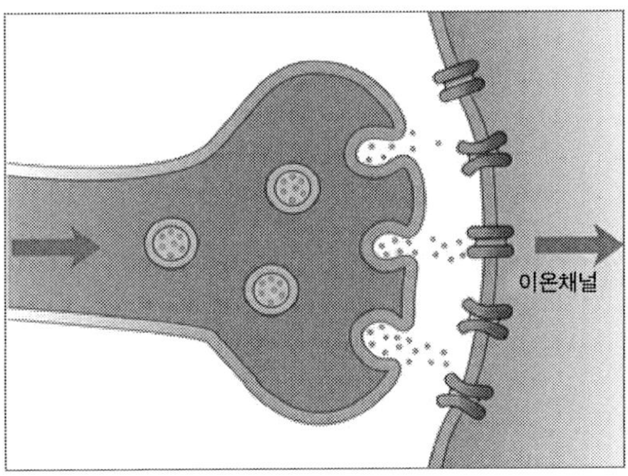

이온 채널은 세포의 문지기와 같은 역할을 합니다. 세포막이라는 얇은 경계에 자리 잡아 나트륨이나 칼슘 같은 작은 이온들이 세포 안팎을 오갈 수 있도록 길을 열어 줍니다. 흥미로운 점은 이온 채널이 단순히 열리고 닫히는 기계적인 구조물이 아니라, 환경의 변화에 민감하게 반응한다는 사실입니다.

대표적인 예로는 온도나 자극에 반응하는 TRPV1과 TRPM8이 있습니다. TRPV1은 섭씨 43도 이상의 고온에서 활성화되어 뜨거운 감각을 유발하며, TRPM8은 27도 이하의 온도에서 작동하여 차가움을 감지합니다. 이들 이온 채널이 자극을 감지하면 나트륨과 칼슘 이온이 뉴런 내부로 유입되어 전기적 신호가 생성되며, 이 신호는 척수를 거쳐 뇌로 전달됩니다.

그 결과, 우리는 '뜨겁다' 또는 '차갑다'는 감각을 경험하게 됩니다. 그러나 자극이 일정 수준을 초과하면 단순한 온도 감지가 아닌 고통으로 인식되며, 이는 뇌가 해당 자극을 위험으로 판단했음을 의미합니다.

특히 피부가 손상되거나 염증 상태일 때는 이들이 더 민감하게 작동합니다. 예를 들어, 햇볕에 심하게 화상을 입은 피부는 평소에는 따뜻하게 느껴지던 물에도 극심한 통증을 호소할 수 있습니다. 이는 TRPV1이 활성화로 인해 통증에 대한 임계값이 저하되어 과민반응이 유발된 사례입니다. TRPV1과 TRPM8은 단지 감각을 전달하는 수단에 그치지 않습니다. 그들은 신체가 환경에 적응하고 위험을 회피하도록 돕는 생존 메커니즘의 핵심 요소입니다.

실제로 TRPM8 유전자 결함이 있는 실험용 쥐는 차가운 곳에서도 불편함을 느끼지 않으며, 차가운 환경을 피하려는 행동을 거의 보이지 않습니다. 이는 온도 감지가 단순한 감각을 넘어서, 행동 양식과 생존 본능에 깊이 관여한다는 사실을 보여 줍니다.

결국 우리는 뜨겁거나 차가운 환경을 본능적으로 피하고, 따뜻하고 쾌적한 온도를 추구합니다. 이러한 반응은 TRPV1과 TRPM8 덕분에 가능하며, 그 과정에서 우리는 환경과 끊임없이 대화하고 반응하며 살아갑니다. 온도는 단순한 물리적 자극이 아니라 삶과 생존, 감정과 기억을 자극하는 강력한 소통의 수단입니다.

손끝으로 느끼는 온도의 언어는 단순한 감각을 넘어 생존과 감정, 기억을 엮어 내는 깊은 대화입니다. 우리는 매 순간 피부를 통해 세상의 신호를 읽고, 그에 따라 반응하며 살아갑니다. 뜨거움은 경고가 되고, 차가움은 회피의 이유가 되며, 적당한 따뜻함은 안락함과 안전의 상징이 됩니다.

온도는 우리에게 묻습니다. "지금 이 순간, 우리는 안전한가." 그리고 우리는 그 질문에 몸으로 답합니다. 손끝의 떨림, 움찔하는 반사, 혹은 미소 지으며 감싸 쥐는 머그잔의 온기 속에서. 그렇게 우리는 온도와 대화를 나누며 살아 있음을 느끼고 있습니다.

감각의 착시는 진화의 전략

✦

입안에 박하 잎을 살짝 올려놓는 순간, 마치 겨울 아침의 찬 공기가 혀끝을 스치는 듯한 청량함이 퍼집니다. 그 시원함은 얼음처럼 단단히 차갑지도 않고, 찬 바람처럼 피부를 밀고 들어오지도 않지만, 분명히 차갑다고 느껴집니다. 이 감각은 단순한 맛이나 온도의 반응을 넘어, 기억을 자극하고 감정을 일으키는 감각의 착시입니다. 사람마다 다를 수는 있지만, 박하 향을 맡는 순간 떠오르는 감정과 이미지가 있다는 점에서, 이러한 감각은 오롯이 생리적 반응만은 아닙니다. 그리고 그 중심에는 박하에서 추출한 멘톨이 있습니다.

멘톨은 실제로 차갑지 않습니다. 그러나 이 분자는 우리의 감각 수용체를 자극함으로써, 뇌가 그것이 차갑다고 믿게 만듭니다. 이처럼 몸을 속여 감각을 유도하는 화합물은 단순한 생리작용의 결과가 아니라, 자연이 설계한 정교한 착각의 장치입니다. 멘톨과 자주 비교되는 또 다른 분자는 바로 고추의 매운맛을 내는 성분인 캡사이신입니다. 이 둘은 서로 반대의 감각을 유도합니다. 하나는 시원함을, 다른 하나는 불처럼 뜨거운 고통을. 그런데 놀랍게도 이 두 분자는 우리 몸의 같은 시스템, 즉 온도와 통증을 감지하는 감각 수용체를 자극함으로써 작용합니다.

예를 들어, TRPV1에 캡사이신이 결합하면, 우리는 마치 화상을 입은 듯한 뜨거움과 통증을 느낍니다. TRPV1은 원래 고온 자극에 반응하도록 설계된 감각 시스템이지만, 캡사이신이 이 수용체에 결합하면 마치 뜨거운 불처럼 TRPV1을 흥분시킵니다. 반면, TRPM8은 낮은 온도에 반응하는 수용체로, 멘톨이 여기에 결합하면 우리는 시원한 청량감을 느끼게 됩니다. 이 수용체 또한 실제로는 차가운 공기나 얼음에 반응하기 위해 존재하지만, 멘톨은 이를 속여 마치 찬 기운에 노출된 듯한 감각을 유도합니다.

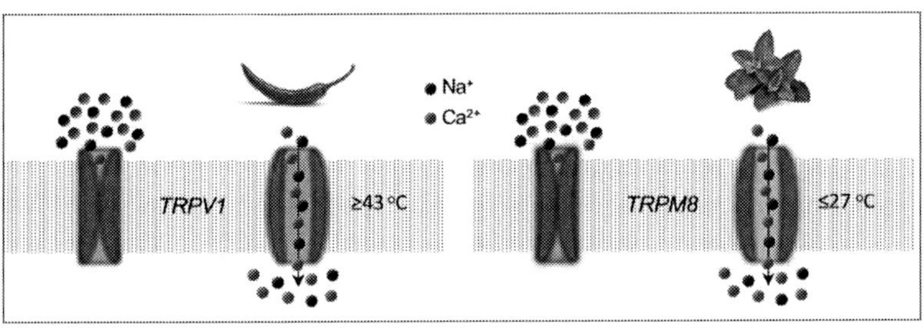

이처럼 차갑지 않은 것이 차갑고, 뜨겁지 않은 것이 뜨겁게 느껴지는 기묘한 착각은 단순히 과학적인 호기심을 자극할 뿐 아니라, 감각이 얼마나 뇌의 해석에 의존하고 있는지를 여실히 보여 줍니다.

하지만 여기서 더 흥미로운 질문이 하나 떠오릅니다. 왜 이 식물들은 이런 감각을 속이는 분자들을 만들게 되었을까요. 단지 우연의 산물일까요, 아니면 의도적인 진화의 결과일까요.

캡사이신은 농도에 따라 매우 다른 반응을 유도합니다. 아주 미량일 때는 혀끝에서 살짝 따뜻한 느낌을 줄 수 있지만, 농도가 높아지면 타는 듯한 고통과 함께 눈물까지 쏟게 만듭니다. 흥미로운 점은 이 강렬한 자극이 모든 생물에게 똑같이 작용하지는 않는다는 사실입니다. 인간이나 설치류는 캡사이신에 매우 민감하지만, 조류는 거의 반응을 보이지 않습니다. 이는 조류의 TRPV1 구조가 포유류와 달라 캡사이신에 의한 자극을 거의 느끼지 못하기 때문입니다.

여기서 우리는 다시 한번 묻게 됩니다. 그렇다면 식물은 왜 인간과 설치류의 TRPV1을 자극하는 화학물질을 선택적으로 진화시킨 것일까요.

이 질문의 실마리는 식물의 생존 전략, 다시 말해 진화의 경이로움 속에 숨겨져 있습니다. 고추의 캡사이신과 민트의 멘톨은 단순한 맛의 구성 요소가 아니라 식물들이 자신을 방어하기 위해 수백만 년에 걸쳐 만들어 낸 생존 도구입니다. 과학자들은 이들 식물의 조상이 자신을 먹으려는 포식자들로부터 보호하고, 번식을 성공적으로 이어 가기 위해 이러한 화학물질을 만들어 냈다고 보고 있습니다.

예를 들어, 고추는 곰팡이나 설치류와 같은 포유류가 씨앗을 먹는 것을 막기 위해 매운맛을 유도하는 캡사이신을 진화시켰습니다. 캡사이신은 단순히 통증을 유발하는 것 외에도, 강력한 항진균제로 작용하여 씨앗을 부패시키는 곰팡이의 번식을 억제합니다. 즉, 캡사이신은 물리적 방어뿐 아니라 화학적 방어의 역할도 함께 수행하는 다기능 분자인 셈입니다.

하지만 새들은 고추의 매운맛을 거의 느끼지 않기 때문에, 고추 열매를 먹고 그 씨앗을 다른 지역으로 퍼뜨릴 수 있습니다. 결과적으로 고추는 포유류는 피하면서도 새는 유인하여, 효율적인 종자 확산 전략을 구사하게 된 것입니다. 멘톨도 비슷한 맥락에서 해석할 수 있습니다. 멘톨은 곤충이나 초식동물이 잎을 갉아 먹지 못하도록 시원하면서도 강한 감각을 유도하는 방어 물질로 작용했을 가능성이 큽니다.

결국, 이처럼 감각을 속이는 분자들이 만들어 낸 것은 인간의 감각 시스템의 허점을 찌른 진화의 정교한 전략이라 할 수 있습니다. 식물은 말없이 존재하지만, 수천만 년의 시간 동안 스스로를 지키기 위한 수많은 실험과 선택을 거쳐 왔습니다. 그리고 그 결과물이 지금 우리의 식탁 위에 올라와 혀끝에서 뜨겁고 시원한 감각을 만들어 내는 것입니다.

이제는 조금 더 명확해집니다. 식물과 온도 사이의 관계는 단순히 감각의 문제가 아니라 진화의 문제입니다. 식물은 인간과 동물의 온도 감지 시스템을 우연히 혹은 의도적으로 활용하여 자신을 방어하고, 종족을 번성시키는 데 성공하였습니다. 이 분자들은 우리 몸의 통각 수용체를 자극하여 그 식물을 다시는 삼키고 싶지 않도록 합니다. 물론 오늘날 인간은 그 고통 속에서 쾌감을 느끼고, 매운 음식을 문화로 소비하는 존재가 되어, 식물의 입장에서 보면 이는 원래 의도와는 거리가 먼 진화적 반전일 수도 있습니다.

그러니 다음에 고추가 듬뿍 들어간 음식을 먹고 이마에 땀이 맺히고 심장이 두근거릴 때, 그 뜨거운 감각이 단지 맛의 일부가 아니라는 점을 떠올려 보시기 바랍니다. 그 느낌은 수백만 년에 걸친 식물과 동물 간의 진화적 전쟁 속에서 태어난 결과입니다. 그리고 그 전쟁의 한복판에서, 지금의 우리는 한입 가득 눈물 나는 음식을 먹으며 이렇게 말할 수 있는지도 모릅니다. 이번 전투는, 우리가 이긴 것 같다고.

통증은 감정일까

♦

여름밤, 창가를 스치고 지나간 모기의 자취는 작고 미미하지만 그 흔적은 오래도록 불편함을 남깁니다. 살갗에 닿은 작은 자극은 곧 가려움과 따가움으로 번지고, 무의식적으로 손이 닿은 자리는 오히려 더 악화하기 쉽습니다. 그 순간 느껴지는 자극은 단순한 감각처럼 보이지만, 실은 우리 몸이 외부로부터의 위협에 빠르게 반응하는 생존 메커니즘의 일부입니다.

통증은 단순한 불쾌감이나 자극을 넘어, 신체적 손상을 경고하고 회피를 유도하는 중요한 생리적 신호로 작용합니다. 때로는 생명을 지켜 주는 방패가 되지만, 그 감각이 과도하게 증폭되면 오히려 일상생활을 심각하게 저해하기도 합니다. 우리는 오랫동안 통증을 객관적인 신체 상태의 반영으로 이해해 왔습니다. 그러나 통증이 과연 항상 물리적이고 보편적인 경험에만 국한될까요. 실제 연구들은 그렇지 않음을 분명히 보여 주고 있습니다.

한 실험에서는 참가자의 손에 매우 차가운 금속 조각을 대면서, 동시에 붉은빛 혹은 옅은 푸른빛을 보여 주었습니다. 흥미롭게도 붉은빛을 본 참가자들은 같은 자극임에도 더 강한 통증을 느꼈다고 보고했으며, 일부는 손을 급히 떼면서 타는 듯한 뜨거움을 호소하기도 했습니다. 이 실험에서 사용된 자극은 엄연히 냉각 자극이었지만, 시각 정보에 따라 그 체감이 뜨겁게 바뀐 것입니다. 이 실험은 통증은 단순히 신체적 자극에 대한 기계적인 반응이 아니라, 뇌가 받아들이는 다양한 감각 정보를 바탕으로 달라질 수 있는 인지적 경험임을 보여 줍니다.

즉, 통증은 우리 몸이 느끼는 객관적인 결과가 아니라 뇌가 해석한 주관적인 경험이라는 해석이 가능해집니다. 그렇다면 통증은 단순한 생리적 반응을 넘어 일부 사람들이 거부하거나 왜곡할 수도 있는 마음의 구조물, 즉 감정의 일종으로 보아야 할까요.

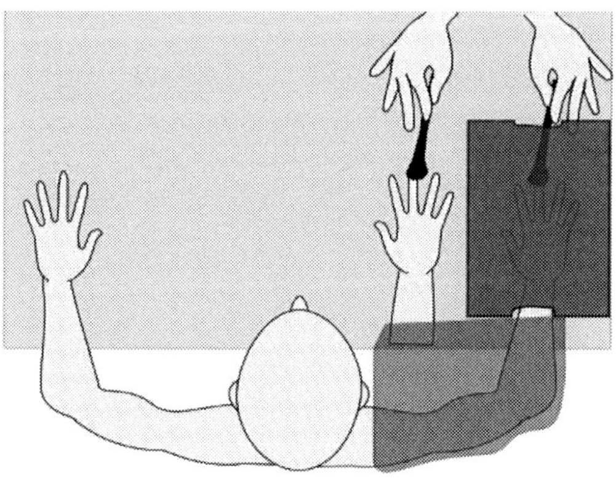

이 질문을 더욱 깊이 탐구할 수 있는 실험이 바로 고무손 환상입니다. 이 실험은 시각과 촉각의 상호 작용이 자기 우리 몸에 대한 인식에 어떤 영향을 미치는지를 보여 주는 대표적인 사례입니다.

실험에 참여한 사람들은 자기 오른손을 상자 안에 숨기고, 같은 위치에 놓인 고무손을 바라보게 됩니다. 이후 실험자가 실제 손가락과 고무 손가락을 동일한 방식으로 동시에 자극하면, 참가자들은 점차 고무손을 자기 손처럼 느끼게 됩니다.

이 현상은 단순한 착각이 아니라, 뇌가 시각과 촉각 자극의 일치로 인해 고무손을 자기 몸의 일부로 재구성하고 있다는 것을 의미합니다. 뇌는 감각 정보를 종합하여 우리 몸의 경계를 정하는데, 시각 자극이 강하게 개입하면 그 경계마저도 유동적으로 변화할 수 있는 것입니다.

과학자들은 이 현상의 과학적 메커니즘을 분석하기 위해 손의 움직임을 제어하는 뇌 부위에 미세한 전기 신호를 주는 실험을 진행하였습니다. 이 전기 신호는 척수를 따라 실제 손까지 전달되어 근육 경련을 일으키게 되는데, 고무손 환상이 강하게 나타났을 때 실제 손으로 전달되는 전기 신호의 강도가 현저히 감소했습니다. 이는 뇌가 해당 손을 더는 신체 일부로 인식하지 않기 때문에, 뇌와 신체의 연결이 약화한 것을 보여 주는 결과입니다.

이처럼 우리 몸이 느끼는 감각은 절대적인 것이 아니라 뇌가 어떻게 인식하고 받아들이느냐에 따라 달라질 수 있습니다. 마찬가지로, 통증 또한 다양한 인지적 요소와 정서적 요소에 영향을 받으며, 단지 자극의 강도에 비례하여 일어나는 단순한 반응이 아닙니다.

결국 통증은 분명히 객관적으로 존재하며, 의식 속에서 명확하게 경험됩니다. 그러나 그 강도와 성격은 우리가 일반적으로 생각하는 것처럼 항상 일정하거나 정확하지는 않습니다. 동일한 자극에도 어떤 사람은 훨씬 더 강한 고통을 호소하는 반면, 또 다른 사람은 분명한 손상이 있음에도 거의 통증을 느끼지 않는 경우가 있습니다. 이러한 차이는 단순한 신체적 요인뿐 아니라 개인의 기분, 주의 집중 정도, 스트레스 상태, 환경적 조건 등 심리적 요인에 크게 영향을 받습니다. 이는 통증이 감정의 일종이라는 이론을 뒷받침합니다.

즉, 통증은 물리적 신호가 뇌에서 가공되어 형성되는 해석된 경험이며, 감정처럼 복합적이고 주관적이며 때로는 왜곡될 수도 있습니다. 따라서 통증의 해석과 반응은 매우 유동적이며, 다양한 내적 요인과 외적 요인에 따라 그 의미와 강도가 달라질 수 있습니다. 이런 점에서 볼 때 우리가 경험하는 통증은 반드시 우리 몸의 손상 상태를 정확히 반영하는 것은 아니며, 오히려 물리적 현실과 불일치하는 인식, 즉 일종의 감각적 환상일 수도 있습니다.

보는 것이 모두 사실일까

✦

우리가 세상을 인식하고 이해하는 방식은 단순히 눈에 보이는 것을 받아들이는 데서 끝나지 않습니다. 그보다 훨씬 복잡하고 정교한 과정이 머릿속, 정확히는 뇌라는 기관 안에서 끊임없이 이루어지고 있습니다. 뇌는 우리 몸 안팎에서 들어오는 모든 정보를 처리하고 해석하며, 우리가 현실이라 부르는 세상을 구성합니다. 하지만 뇌는 단순히 데이터를 입력받는 수동적인 스펀지가 아닙니다. 오히려 과거의 경험과 기억이라는 렌즈를 통해 현재 상황을 예측하고 구성하는 능동적인 기관입니다.

우리가 보고, 듣고, 느끼고, 판단했던 모든 경험은 신경계와 지각 체계 속에 미세한 흔적으로 남아 이후의 인식과 판단에 깊이 관여합니다. 뇌는 이러한 흔적들을 기반으로 지금 이 순간에도 주변 환경을 해석하고, 다가올 위험을 감지하며, 때로는 보이지 않는 의미를 만들어 냅니다. 이러한 기능은 우리를 위험으로부터 보호하려는 본능적인 시스템의 일부이기도 합니다. 그래서 우리는 부정적인 사건, 특히 생존과 직결된 위협적인 경험을 쉽게 잊지 못합니다.

예를 들어, 낯선 도시의 호텔에서 묵었던 날을 떠올려 보세요. 그날 문손잡이의 색깔이나 침대 시트의 무늬 같은 정보는 거의 기억에 남지 않을 수 있습니다. 뇌가 그것들을 중요하지 않은 정보로 판단해 자동으로 걸러 낸 것입니다. 그러나 같은 날 거리에서 위협적인 상황을 겪었다면, 당시 도둑이 입고 있던 재킷의 색깔이나 표정, 목소리 같은 정보는 생생하게 각인되어 오랫동안 기억에 남을 가능성이 큽니다.

뇌는 생존에 중요하다고 판단한 정보에 주목하고, 불필요하다고 여긴 자극은 빠르게 흘려보냅니다. 그러나 이러한 예측 중심의 작동 방식은 때로는 오류를 만들어 내기도 합니다. 뇌가 외부 세계를 있는 그대로 받아들이지 않고, 내부에서 이미 설정된 틀에 맞춰 새롭게 구성하려 하기 때문입니다. 그 결과, 실제로 존재하지 않는 것이 존재하는 것처럼 느껴지거나 단순한 자극을 과장되게 인식하는 왜곡이 발생할 수 있습니다.

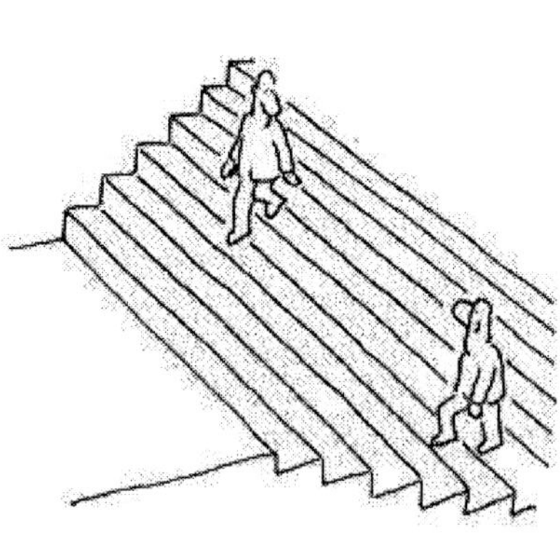

이러한 뇌의 작동 방식을 잘 보여 주는 대표적인 예가 바로 착시 현상입니다. 예를 들어, 〈슈뢰더 계단〉이라는 그림을 보면, 단순히 2차원 선으로만 이루어져 있다는 사실을 알고 있음에도 불구하고 우리는 그것을 3차원의 입체 계단처럼 인식합니다. 보는 방향에 따라 계단이 위로 올라가는 것처럼 보이기도 하고, 반대로 아래로 내려가는 것처럼 보이기도 합니다.

감각은 우리가 세상을 이해하는 데 꼭 필요하지만, 동시에 한계도 있습니다. 우리는 감각을 통해 세상을 있는 그대로 경험하는 것이 아니라 뇌가 해석한 방식대로 받아들이게 됩니다. 착시는 바로 이런 뇌의 특성을 잘 보여 주는 대표적인 사례입니다.

즉, 뇌는 과거의 경험을 바탕으로 현실을 구성하는 과정에서 실제로 존재하지 않는 이미지나 방향성을 만들어 내기도 합니다. 그리고 이런 현상은 시각뿐 아니라 소리, 맛, 촉각 등 다른 감각에서도 나타납니다. 예를 들어, 배가 고프지 않을 때는 평소 좋아하던 음식도 덜 맛있게 느껴질 수 있습니다. 이는 맛이 단순히 혀로만 느끼는 것이 아니라 우리의 감정과 몸 상태와도 깊게 연결되어 있음을 보여 줍니다.

착시와 유사한 개념으로 환상이 있습니다. 착시와 환상은 모두 감각 기관을 통해 받아들인 정보를 실제와 다르게 인식하는 현상입니다. 착시는 주로 시각적 착각에 초점을 맞추지만, 환상은 시각뿐만 아니라 모든 감각에서 발생할 수 있는 잘못된 지각을 포함합니다. 다시 말해, 착시는 시각에 국한되지만 환상은 더 넓은 범위의 감각적 왜곡을 포괄합니다.

환상은 지각의 변화를 통해 우리의 감각과 현실의 본질에 대해 근본적인 질문을 제기하게 만듭니다. 특히 정신이 육체로부터 분리된 것처럼 느껴지는 유체 이탈 경험이나 기억, 정체성, 의식이나 행동 등이 일시적으로 왜곡되거나 분리되는 해리 현상에서는 이러한 환상이 더욱 두드러지게 나타납니다. 이러한 현상은 감각 입력과 주관적 경험 사이의 간극을 뚜렷하게 드러내며, 우리가 인식하는 현실의 신뢰성에 의문을 제기합니다.

나아가 정신병이나 분열형 장애를 겪는 사람들의 환상에 대한 연구는 이러한 현상의 근본적인 메커니즘을 이해하는 데 중요한 통찰을 제공합니다. 이는 단순한 신경학적 오류가 아니라, 인간이 경험을 주관적으로 구성하는 인지 구조의 특성과 그 한계를 보여 주는 하나의 사례라고 할 수 있습니다.

과학자들은 이러한 착시와 환상 현상을 통해 인간이 시각 정보를 어떻게 처리하고 통합하는지를 연구하고 있지만, 그 메커니즘의 많은 부분은 여전히 미스터리로 남아 있습니다. 결국 환상은 단순한 지각 오류가 아니라 우리가 현실이라 믿는 감각 경험의 기반을 되짚어 보게 하는 심오한 인지적 단서며, 뇌와 마음 그리고 자아에 대한 깊은 통찰로 나아가는 출발점이 될 수 있습니다.

보는 것이 현실일까

✦

우리는 아침에 눈을 뜨는 순간, 세상이 또렷하고 완전하게 펼쳐진다고 믿습니다. 지금 이 글을 읽고 있는 당신 역시 화면 속에 있는 문장들이 명확하게 인식되고 있다고 느끼고 있을 것입니다. 하지만 정말 그럴까요. 혹시 화면 속 단어들만을 뚜렷하게 인식하고, 그 주변의 글자나 배경은 무심코 흘려보내고 있지는 않나요. 그렇다면 그 흐릿한 주변 정보들은 과연 얼마나 정확하게 인식되고 있을까요.

우리는 흔히 자신의 시각이 넓고 풍부하며, 전체 장면을 고르게 보고 있다고 생각합니다. 그러나 눈은 1초당 약 1,000만 비트의 정보를, 귀는 100만 비트, 후각과 기타 감각 기관은 10만 비트의 정보를 뇌로 전달합니다. 이를 모두 합치면 뇌는 1초당 약 1,110만 비트의 정보를 받아들이는 셈입니다. 그러나 최근 연구에 따르면 우리가 의식적으로 처리하는 정보는 1초당 겨우 10비트에 불과할 수 있다고 합니다. 따라서, 실제로 우리가 보고 있다고 믿는 많은 정보는 뇌의 추정과 보완으로 구성되어 있습니다.

우리의 시각 시스템은 눈앞의 아주 좁은 중심 시야에서만 정밀한 정보를 받아들입니다. 반면 주변 시야에 대해서는 뇌가 부족한 부분을 자동으로 추론하고 채워 넣어, 마치 실제로 보고 있는 것처럼 현실을 구성합니다. 결국 의식은 전체 정보가 아니라, 그중 극히 일부만을 선별한 결과라고 할 수 있습니다.

예를 들어, 화면 중앙의 고정점을 응시하고 있을 때 왼쪽에 있는 아이는 쉽게 인식되지만, 오른쪽에 동일한 아이가 복잡한 배경에 섞여 있으면 훨씬 알아보기 어려워집니다. 이는 단순히 시각적 부주의 때문이 아니라 우리의 뇌가 시각 정보를 어떻게 처리하고 해석하는지를 보여 주는 중요한 단서입니다.

이와 같은 간단한 실험은 우리의 시각적 의식이 실제로 얼마나 부정확하고 세밀하지 않은지를 보여 줍니다. 특히 중심 시야를 벗어난 영역에서는 그 한계가 더욱 두드러집니다. 이러한 현상은 복잡한 환경 속에서 물체를 인식하기 어려워지는 지각 현상으로, 시각적 혼잡이라 불립니다.

시각적 혼잡은 특히 주변 시야에서 특정 물체가 다른 물체들에 둘러싸여 있을 때 인식 능력이 현저히 떨어지는 현상을 말합니다. 이는 단순히 물체가 흐릿하게 보이는 수준을 넘어, 아예 식별 자체가 불가능해지는 경우까지 포함합니다. 이러한 현상은 철학, 심리학, 과학 등 여러 분야에서 오랫동안 논의되어 온 주제입니다.

그 원인은 아직 완전히 밝혀지지 않았지만, 가장 널리 수용되는 설명 중 하나는 특징 통합 실패 이론입니다. 이 이론에 따르면 우리의 시각 시스템은 물체의 색, 형태, 위치 등의 특징을 개별적으로 감지한 뒤, 그것들을 하나의 객체로 통합하는 과정을 거칩니다.

예를 들어, 파란 사각형과 빨간 원을 볼 때, 우리는 단순히 파란색이나 원형이라는 특징만을 감지하는 것이 아니라 파란 사각형이라는 하나의 개체로 인식하기 위해 해당 특징들을 정확히 묶어야 합니다. 그러나 배경이 복잡하거나 정보가 많을 때 이러한 통합 과정이 실패할 수 있으며, 이는 시각적 혼잡 현상의 한 원인으로 제시됐습니다.

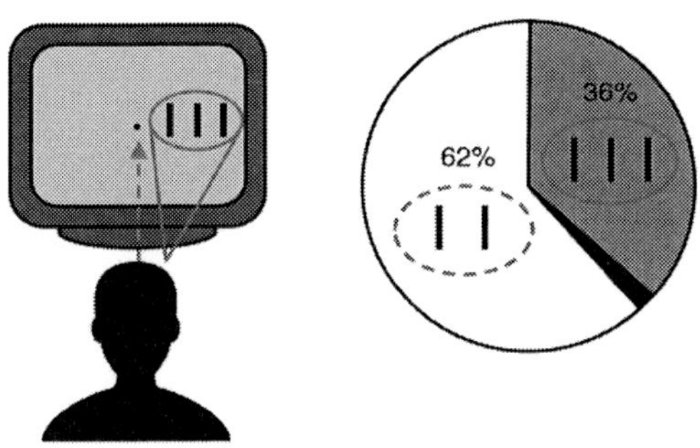

하지만 최근에는 이러한 특징 통합 이론으로 설명하기 어려운 새로운 시각적 현상이 발견되고 있습니다. 한 실험에서는 동일한 세 개의 글자를 보여 주고, 화면 중앙의 '•' 기호를 응시하게 한 뒤, '몇 개의 글자가 보였는가'를 물었습니다. 놀랍게도, 참가자의 62%가 두 개만 보였다고 응답했습니다. 글자가 사라진 것처럼 인식되지 않은 것입니다. 이러한 결과는 기존 이론을 넘어서는 중요한 의미를 갖습니다.

전통적인 시각적 혼잡 이론은 여러 특징이 뒤섞일 때 인식이 어려워진다고 설명합니다. 그러나 이 실험에서는 모양과 색이 모두 동일한 글자 중 하나가 의식에서 완전히 사라지는 현상이 나타났습니다. 이는 특징 통합의 실패라기보다는 리던던시 마스킹으로 설명할 수 있습니다.

리던던시 마스킹은 시각 시스템이 동일한 문자가 여러 개 있을 때 그 개수를 정확히 인식하지 못하고 일부를 무시하는 경향을 말합니다. 즉, 뇌는 세 개의 글자라는 구체적 정보를 인식하기보다는 반복된 패턴으로 처리하는 것입니다. 이는 뇌가 글자의 개수를 세는 것보다 생각, 판단, 추론 과정에서 소모되는 정신적 에너지를 줄이는 것이 더 중요하다고 판단했을 가능성을 보여 줍니다.

결국 우리는 눈을 뜨는 순간 완전한 세계를 보고 있다고 느끼지만, 그 경험은 실재를 그대로 반영한 것이 아닙니다. 우리가 본다고 믿는 것은 뚜렷한 실체라기보다 뇌가 혼란스러운 특징들을 조합하고 해석해 만든 결과물에 불과합니다. 따라서, 우리의 의식은 때때로 하나의 글자를 다른 글자와 구분하지 못할 정도로 선택적이고 제한적입니다.

경험이 의식에 미치는 영향

✦

화창한 여름날, 연인과 함께 바닷가를 걷는 장면을 떠올려 보세요. 부드럽고 따뜻한 모래가 맨발에 닿고, 눈부신 햇살이 피부를 감싸며, 멀리서 파도가 부서지는 소리가 리듬처럼 들려옵니다. 짭조름한 바닷바람이 코끝을 스치고, 곁에 있는 사람의 손길은 묘하게 편안한 온기를 전합니다. 이 모든 감각은 단순한 자극의 나열이 아니라, 마치 한 폭의 풍경화처럼 우리의 의식 속에서 풍부하게 재구성됩니다. 우리는 이 장면에서 단순히 보고 듣는 것을 넘어 느끼고 반응하며, 감정적으로 몰입하게 됩니다.

우리의 뇌는 이처럼 몸 안팎에서 들어오는 수많은 감각을 받아들이고, 이를 통합하여 하나의 경험으로 조직합니다. 모래의 온도, 햇살의 밝기, 파도 소리의 리듬, 바람의 촉감, 손끝의 체온 같은 미묘한 느낌들이 뇌 속에서 결합될 때, 우리는 단순히 환경 속에 머무는 존재가 아니라 그 순간을 살아가는 존재가 됩니다.

감각은 종종 강렬한 감정을 동반합니다. 특정 음악이 마음을 울리고, 익숙한 향기가 잊고 지냈던 기억을 불러오며, 피부에 닿는 작은 변화조차 불안이나 안정을 유발하는 이유가 여기에 있습니다. 예컨대 슬픈 음악은 단순한 음의 조합일 뿐이지만, 뇌는 그 멜로디를 과거의 기억과 연결하고, 그 기억에 반응하는 감정을 일으킵니다. 음악이 우리를 눈물짓게 하거나 가슴 뭉클하게 만드는 것은 감각 정보가 감정과 긴밀하게 얽혀 있기 때문입니다.

감각은 감정뿐 아니라 기억, 사고 그리고 의식 상태에도 깊은 영향을 미칩니다. 우리가 어떤 감각 정보를 어떻게 인식하고 해석하느냐는 그 순간의 정서적 상태에 따라 달라집니다. 같은 풍경도 행복할 때와 슬플 때 전혀 다르게 느껴지는 이유가 바로 그것입니다.

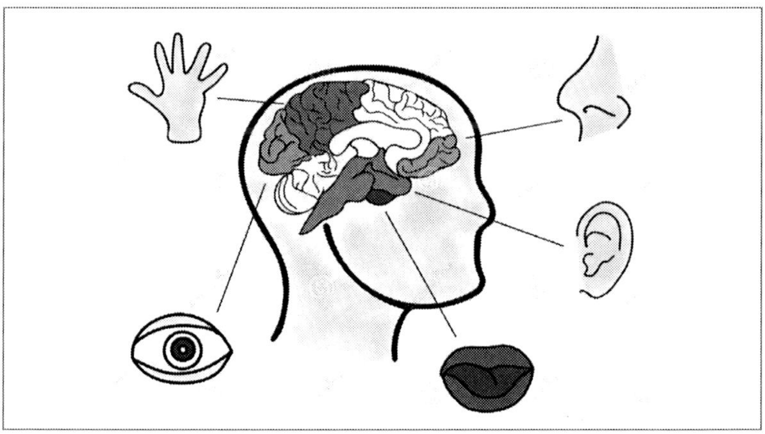

예를 들어, 공포 영화를 볼 때 점차 고조되는 불안감은 단순한 연출 효과를 넘어 실제로 뇌 속 시각 및 청각 정보 처리 영역을 더 활발하게 작동시킵니다. 이는 감정 상태가 뇌의 감각 처리 방식 자체에 영향을 줄 수 있음을 보여 줍니다. 시각적 공포 자극에 대한 뇌의 반응은 우리가 실제로 안전하다는 사실을 알고 있더라도 생리적 투쟁이나 도피 반응을 유발할 수 있습니다.

심박수가 증가하고, 아드레날린이 분비되며, 근육이 긴장하는 등의 반응이 그 예입니다. 특히 무서운 소리는 높은 진동수와 강한 음량을 가지는 경우가 많으며, 이러한 소리는 뇌에 빠르게 인식되어 즉각적인 주의를 끌어냅니다. 뇌는 이를 위협 신호로 판단해 스트레스 호르몬을 분비하고 몸을 긴장 상태로 만듭니다. 이처럼 모든 감각 자극은 뇌에서 처리됩니다. 흥미로운 점은, 뇌가 실제 위험과 가상의 위험을 구별할 수 있다는 것입니다. 덕분에 우리는 가상의 위험 상황에서 스릴과 카타르시스를 동시에 경험할 수 있습니다.

감각은 과거의 경험과 통합되어 우리가 환경을 일관되게 이해할 수 있도록 돕습니다. 철학자 클라크는 뇌를 '예측 기계'라고 부르며, 뇌가 과거의 경험을 바탕으로 끊임없이 감각을 예측한다고 설명했습니다. 결국 감각은 우리가 세상을 인식하는 기반이며, 이를 통해 우리는 우리 내면 깊숙한 곳에 자리한 나라는 존재를 경험합니다. 이 '나'는 언제나 존재하지만, 평소에는 투명하게 의식되지 않습니다.

감각은 기억 속에 깊이 새겨지며, 이후 유사한 자극에 대한 우리의 반응에도 영향을 미칩니다. 예를 들어, 특정 음식과 관련된 부정적 경험은 그 음식에 대한 인식에 부정적인 연상을 불러올 수 있습니다. 또한 강렬하거나 새로운 감각은 주의를 끌고 각성을 높이지만, 약하거나 익숙한 자극은 졸음이나 인지력 저하를 유발할 수 있습니다.

궁극적으로 눈부신 햇살, 스치는 바람, 울려 퍼지는 음악, 따뜻한 손길은 단순한 외부 자극이 아닙니다. 그것은 우리가 인간으로 존재하고 있음을 끊임없이 확인시켜 주는 실존적 신호입니다.

감각을 통해 우리는 세계를 인식하고, 타인과 연결되며, 자기 자신을 이해합니다. 감각은 단순한 생리적 반응을 넘어 정서와 기억, 사고와 의식을 아우르는 복합적인 경험의 핵심입니다. 그렇기에 감각은 삶을 더 섬세하게 느끼게 하고, 존재를 더 깊이 체험하게 하는 통로가 됩니다.

따라서, 감각을 단순히 정보 처리의 결과로만 보는 것은 지나치게 협소한 시각입니다. 감각은 순간의 감정과 반응을 이끌어 낼 뿐 아니라 삶의 깊은 기억과 의미를 구성하는 재료입니다. 인간 경험의 중심에 자리한 감각을 이해한다는 것은 곧 인간 존재의 깊이를 이해하는 일이며, 이는 우리가 살아 있음을 실감하게 만드는 가장 본질적인 길이기도 합니다.

수면과 의식의 경계

♦

우리는 매일 밤 아무렇지 않게 눈을 감고 잠이 들지만, 그 순간에도 우리 몸속에서는 놀라울 정도로 정교한 생명 활동이 펼쳐지고 있습니다. 마치 무대 뒤에서 조용히 움직이는 기계 장치처럼, 우리 몸과 뇌는 협력하여 회복과 재정비를 위한 복합적인 과정을 시작합니다. 이 모든 과정은 약 90분 간격으로 반복되는 수면 주기라는 리듬 속에서 이루어지며, 단순히 잠을 잔다는 차원을 넘어 생명 유지와 회복을 위한 정교한 조율이라 할 수 있습니다.

수면은 가벼운 단계에서 시작됩니다. 1단계와 2단계 수면은 깨어 있는 상태에서 잠으로 전환하는 과도기로, 심박수가 점차 느려지고, 체온이 떨어지며, 외부 자극에 대한 민감도가 감소합니다. 눈동자의 움직임도 둔해지고, 우리 몸과 정신은 고요한 휴식 모드로 진입합니다. 이 단계는 하루를 정리하고 내면의 평온을 되찾는, 깊은 잠으로 향하는 문턱과도 같습니다.

그다음 찾아오는 3단계 수면, 즉 깊은 수면은 단순한 휴식을 넘어서 우리 몸 회복과 뇌의 정화가 본격적으로 이루어지는 핵심 단계입니다. 이 시기에는 다양한 호르몬이 분비되어 피부 세포를 복구하고, 심혈관 및 면역 체계를 재정비하며, 기억을 저장하고 강화하는 데 기여합니다. 특히 주목할 점은, 이 단계에서 뇌척수액이 뇌 전체를 순환하며 깨어 있는 동안 축적된 노폐물과 독소를 씻어 낸다는 사실입니다. 깊은 수면은 쉽게 깨어나지 않으며, 회복의 질을 좌우하는 매우 중요한 시기입니다.

수면 주기의 마지막 단계는 렘(REM)수면입니다. 겉보기에 깊이 잠든 것처럼 보이지만, 이때 뇌의 활동은 오히려 깨어 있을 때만큼 활발해집니다. 그래서 역설적 수면이라고도 불립니다. 빠르게 움직이는 안구, 생생한 꿈, 감정적으로 풍부한 이미지들이 이 시기에 나타나며, 뇌는 특정 화학물질을 이용해 우리 몸을 일시적으로 마비시켜 꿈속의 행동이 실제 움직임으로 이어지지 않도록 합니다.

하지만 수면은 늘 조용하고 질서 정연한 과정으로만 진행되지는 않습니다. 때로는 수면 중에도 깨어 있는 듯한 행동이 나타나기도

합니다. 예를 들어 대뇌 피질은 오토바이 헬멧처럼 뇌를 감싸며, 감각 정보를 받아들이고 해석해 복잡한 행동을 만들어 내는 핵심적인 역할을 합니다. 보통은 깊은 잠에 들면 대뇌 피질의 활동이 줄어들어 안정된 상태가 유지됩니다. 하지만 감정을 담당하는 변연계가 지나치게 활발해져 대뇌 피질을 자극하면, 깊은 수면 중에도 순간적으로 깨어나는 듯한 부분적 각성이 나타날 수 있습니다. 대표적인 예가 바로 몽유병입니다.

이때 뇌는 완전히 깨어 있는 것도, 완전히 잠든 것도 아닌 혼합된 상태에 놓이며, 외견상 의식이 있는 것처럼 행동할 수 있습니다. 예를 들어, 한밤중에 일어나 자동차를 몰고 외출하거나 개 사료를 꺼내 먹는 등 현실적으로 불가능해 보이는 행동들도 실제 몽유병 사례로 보고된 바 있습니다.

몽유병은 수면 중에 발생하는 각성 장애의 일종으로, 성인의 약 2.5%, 어린이의 약 14%가 경험합니다. 이 기이한 현상은 수면 중 의식, 기억, 자아 정체성이 일시적으로 분리되거나 비정상적으로 작동할 수 있다는 점에서 의식이 단일하고 안정적인 것이 아님을 시사합니다.

몽유병의 정확한 원인은 아직 완전히 밝혀지지 않았지만, 유전적 요인이 크게 작용하는 것으로 알려져 있습니다. 특히 가까운 친족(1촌) 중 몽유병을 겪은 사람이 있을 때, 그 발생 확률은 약 10배 이상 높아집니다. 또한 스트레스, 수면 부족, 불안, 외상 후 스트레스 장애(PTSD) 등도 몽유병을 유발하거나 악화시키는 요소로 작용합니다.

예를 들어, PTSD 환자는 공포 반응을 담당하는 편도체가 과도하게 활성화되어 있고, 감정 조절을 담당하는 전두엽 피질이 얇아져 있습니다. 그 결과, 감정적 자극에 매우 민감해져 깊은 수면 중에도 자주 각성하게 됩니다. 이에 따라 이들은 일반인보다 더 자주 잠에서 깨며, 깊은 수면을 유지하기 어려운 경향을 보입니다.

비슷한 메커니즘은 어린이에게도 나타납니다. 아직 전두엽이 완전히 발달하지 않은 어린이의 뇌는 감정 자극에 민감하며, 이는 깊은 수면 중에도 쉽게 각성을 유도할 수 있습니다. 그러나 약 80%의 어린이들은 사춘기를 지나면서 이러한 증상이 자연스럽게 사라집니다.

이러한 예는 몽유병이 단순한 수면 장애로만 볼 수 있는 현상이 아닙니다. 이는 의식이 단일하고 고정된 상태가 아니라 다양한 뇌 활동이 서로 뒤섞이며 나타나는, 복잡하고 유동적인 과정임을 보여 줍니다. 우리가 흔히 의식을 일정하고 일관된 상태로 생각하지만, 실제로는 잠과 깨어남, 감정과 이성, 기억과 망각 사이에서 끊임없이 변화합니다.

이러한 점에서 의식은 하나의 고정된 상태라기보다 스펙트럼처럼 연속적이고 다층적인 흐름으로 이해할 수 있습니다. 수면은 단순히 몸을 쉬게 하는 과정이 아니라 의식이 스스로의 경계를 드러내는 순간이기도 합니다. 몽유병과 같은 현상은 무의식과 의식이 맞닿는 지점에서 나타나는 독특한 흔들림으로, 인간의 의식이 얼마나 복잡하고 다면적인지를 보여 주는 중요한 사례입니다.

뇌가 자동으로 내리는 반응

✦

우리는 매일 수많은 갈림길 앞에 서게 됩니다. 아침에 눈을 뜨는 순간부터 잠자리에 들기까지 크고 작은 선택들이 모여 우리의 삶을 엮어 갑니다. 일상 속에서 우리가 내리는 수많은 결정은 자유의지를 근간으로 한다고 믿습니다. 그리고 우리는 이러한 선택의 순간마다 스스로를 자유로운 존재라 믿으며, 흔히 이런 선택을 스스로 했다고 확신합니다.

자유의지는 바로 이러한 믿음의 중심에 놓인 개념으로, 개인이 자신의 결정과 행동을 스스로 조절하고 통제할 수 있는 능력을 의미합니다. 이는 높은 지능과 추론 능력을 갖춘 존재가 인격체로 인정받기 위한 가장 기본적이며 핵심적인 조건입니다. 더 나아가 자유의지는 단순히 선택하는 능력을 넘어 인간의 정체성, 도덕적 책임 그리고 사회적 관계를 구성하는 근본적 기반이 됩니다. 따라서 자유의지를 이해하는 일은 인간 행동을 해석하고 윤리적 판단을 내리며, 사회 제도를 설계하는 데 있어 필수적인 출발점이라 할 수 있습니다. 하지만 과연 우리는 정말로 자유롭게 선택하고 있는 것일까요.

우리의 결정이 진정한 의식적 선택인지 아니면 뇌가 자동으로 내리는 반응에 불과한지에 대한 탐구는 오랫동안 과학적으로 접근하기 어려운 영역으로 남아 있었습니다. 그 때문에 자유의지에 대한 논의는 주로 철학적 영역에 의존해 왔습니다. 그러나 최근 과학자들 역시 이 주제에 관심을 기울이기 시작했으며, 그 계기 중 하나가 바로 '외계인 손 증후군'이라 불리는 희귀한 신경학적 사례입니다.

이 증후군은 이름과 달리 외계적인 것과는 무관하며, 주로 뇌졸중, 뇌출혈 등 신경학적 손상이나 간질 치료를 위해 좌뇌와 우뇌를 연결하는 뇌량을 절제한 경우에 매우 드물게 발생합니다.

외계인 손 증후군을 앓는 환자들은 자신의 의지와 무관하게 한쪽 손이 마치 외부의 다른 힘에 의해 지배되고 있다거나 손이 손 자체의 영혼이나 의지를 가지고 있다고 느끼기도 합니다. 이러한 사례는 자유의지가 단순히 철학적 개념에 머무는 것이 아니라 뇌의 구

조와 기능에 깊이 연관된 물리적 현상임을 의미합니다.

예를 들어, 평소 마시던 아메리카노 대신 카페라테를 선택했다고 가정해 봅시다. 우리는 이 선택을 자신이 의식적으로 내린 선택의 결과라고 믿고 싶어 합니다. 그러나 뇌 영상 연구에 따르면, 의사결정 과정은 우리가 그것을 의식적으로 인지하기 이전에 이미 뇌에서 시작된다고 합니다. 이는 많은 인지 과정이 의식의 개입 없이 자동으로 진행됨을 보여 줍니다. 따라서, 일부 과학자들은 우리의 실제 행동이 의식적 결정의 산물이 아니라 이미 진행된 신경화학적 과정의 결과로 나타나는 사후적 반응에 불과하다고 주장합니다.

이러한 현상은 진화의 관점에서 합리적으로 설명될 수 있습니다. 정보가 의식을 거치지 않고 곧바로 동기 및 감정 시스템을 통해 행동으로 전환될 경우, 반응 속도는 훨씬 빨라집니다. 특히 생존이 위협받는 긴급한 상황에서는 이러한 자동 반응이 결정적인 역할을 했을 것입니다. 예를 들어, 눈앞에 위험이 닥쳤을 때 그 정체를 파악하려고 오랫동안 고민한 사람은 생존 확률이 낮았을 가능성이 크다고 할 수 있습니다.

그러나 이러한 자동 반응의 중요성은 동시에 우리가 믿어 온 의식적 결정의 의미를 다시 생각하게 합니다. 우리는 흔히 자신의 결정과 행동이 의식적인 사고에서 비롯된다고 믿으며 살아갑니다. 하지만 앞서 살펴본 연구들은 이러한 인간의 근본적인 믿음에 의문을 제기합니다. 자유의지는 단순한 이분법적 개념을 넘어, 인간 존재의 본질을 탐구하는 데 있어 가장 깊고도 복잡한 질문을 던집니다. 그리고 자유의지는 단순히 '존재한다, 혹은 존재하지 않는다'로 단정할 수 있는 문제가 아닙니다. 그것은 인간이 자신을 어떻게 이해하고, 타인과 어떤 관계를 맺으며, 사회 속에서 어떤 역할을 수행할 것인가에 대한 끊임없는 탐색이자 질문입니다.

또한 우리는 스스로를 선택하는 존재라고 믿으며 살아가지만, 그 믿음이 과학적 사실과 어떻게 조화를 이루는지는 여전히 풀리지 않은 수수께끼로 남아 있습니다. 즉, 우리가 내리는 선택 하나하나가 진정한 자유의지의 산물인지 혹은 복잡한 신경망의 결과인지는 아직 알 수 없습니다. 하지만 그 질문을 던지는 과정 자체가 인간을 더욱 인간답게 만드는 여정일지도 모릅니다. 자유의지에 대한 탐구는 곧 우리 자신에 대한 탐구이며, 그 여정은 비록 불확실하고 모호할지라도 인간이라는 존재가 지닌 가장 아름다운 특권 중 하나일 것입니다.

왜 그렇게 행동했을까

✦

슈퍼마켓의 좁은 통로에 들어서 파스타가 빼곡히 진열된 선반 앞에 서면 우리는 어떤 제품을 장바구니에 담게 될까요. 혹은 커피잔을 무심코 들고 한 모금 마시는 그 순간, 우리의 뇌에서는 과연 어떤 일이 벌어지고 있을까요.

이처럼 일상의 소소한 장면 파스타를 고르는 일이나 커피를 마시는 행위는 단순한 습관처럼 보이지만, 그 이면에는 놀라울 만큼 정교한 뇌의 작동 메커니즘이 숨어 있습니다. 눈은 색과 형태를 인식하고, 기억은 과거의 경험을 불러오며, 손은 유연하게 움직여 물건을 집습니다. 이 모든 과정은 정교하게 조율된 오케스트라처럼 자연스럽게 이루어지지만, 우리는 그 연주를 듣거나 지휘를 보지 못한 채 스스로 선택했다고 믿습니다.

예컨대 타이핑을 하겠다는 생각이 들자, 손이 자연스레 키보드로 향하는 것처럼 말입니다. 하지만 현대 과학은 이처럼 자연스럽게 여겨졌던 자유의지조차 환상일 가능성이 있다고 이야기합니다. 즉, 커피를 마시고 싶다는 생각에서 행동으로 이어지는 그 모든 과정이 사실은 무의식적인 신경 활동으로 유도된다는 것입니다.

지난 20여 년간의 실험들은 이러한 가능성에 점점 더 힘을 실어 주고 있습니다. 우리가 어떤 행동을 하기로 의식적으로 결정하기 훨씬 이전부터, 뇌 속에서는 이미 그 행동을 준비하는 신경 작용이 시작되고 있다는 사실이 밝혀졌습니다. 실제로 뇌의 특정 활동을 관측함으로써 개인이 어떤 선택을 할 것인지 그 사람이 인식하기도 전에 예측할 수 있다는 연구 결과도 있습니다. 다시 말해, 우리가 생각하는 것보다 우리의 선택은 훨씬 더 무의식적인 기반 위에서 이뤄지고 있는 것입니다.

이러한 생각은 1983년, 과학자 리벳이 진행한 실험을 통해 처음으로 대중의 주목을 받기 시작했습니다. 그는 실험 참가자들에게 원하는 시점에 버튼을 누르도록 지시하면서, 버튼을 누르고 싶다는 충동을 느낀 순간의 시계를 기억하도록 했습니다. 동시에 전두엽에 위치하며, 복잡한 운동 계획 및 실행을 담당하는 뇌의 보조운동영역(SMA)의 활동을 측정하였습니다.

이 측정 결과, 참가자가 의식적으로 결정을 내리기 약 0.5초 전부터 이미 뇌의 움직임이 시작되었음을 확인했습니다. 이 실험은 자유의지에 대한 철학과 뇌과학 전반에 걸친 논쟁의 불씨를 던졌고, 이후 수많은 후속 연구의 출발점이 되었습니다.

리벳의 실험이 특히 논란이 되었던 이유는, 뇌의 활동이 우리가 결정을 인식하기 이전에 이미 시작되었으며, 그 시간 차이가 불과 몇 초에 지나지 않았다는 점에 있습니다. 이후 막스 플랑크 뇌과학 연구소의 헤인즈 등이 뇌 스캔을 통해 수행한 연구에 따르면, 참가자가 의식적으로 결정을 내리기 최대 7초 전부터 이미 결정 신호가 나타나는 것이 확인되었습니다.

이 발견은 우리가 결정을 내리기 전부터 뇌가 이미 행동을 예고하고 있다는 점에서 중요한 의미를 지닙니다. 그러나 놀랍게도 우리는 이처럼 복잡한 신경 작용을 거의 자각하지 못합니다. 그저 내가 의식적으로 선택했다고 여길 뿐, 그 순간에도 뇌는 쉼 없이 계산하고 조율하며, 무대 뒤에서 은밀히 우리를 인도하고 있는 것입니다.

그렇다면 질문은 더욱더 깊어집니다. 만약 우리의 뇌가 우리보다 먼저 결정을 내리고 있다면, 우리는 정말 자유의지를 가진 존재일까요. 이 물음은 인간 존재의 핵심을 건드리는 본질적 의문이며, 동시에 이에 대한 반론도 존재합니다.

반론에 따르면, 비록 무의식적인 준비 과정이 선행된다고 하더라도, 최종 행동 직전의 짧은 순간 일명 거부의 창이라 불리는 찰나에 우리는 여전히 그 행동을 중단하거나 변경할 선택권을 갖고 있다고 합니다. 자유의지는 바로 그 미세한 시간 속에서 작동하는 마지막

결재권자일지도 모릅니다.

우리가 어디에서, 어떻게 결정을 내리는지는 아직 완전히 밝혀지지 않았습니다. 그러나 분명한 사실은 우리의 뇌가 우리가 인식하기 훨씬 이전부터 끊임없이 작동하며, 보이지 않는 내부에서 삶의 방향을 조율하고 있다는 점입니다. 우리는 스스로 선택한다고 믿지만, 그 믿음조차도 뇌가 미리 준비한 과정일 수 있습니다.

그렇다고 해서 자유의지가 완전히 사라지는 것은 아닙니다. 오히려 이러한 연구들은 자유의지의 의미를 보다 정교하게 이해하고, 그것이 실제로 어떻게 작동하는지를 탐구할 기회를 제공합니다. 만약 무의식이 결정을 먼저 준비하고 의식이 이를 승인하거나 거부하는 마지막 단계라면, 자유의지는 바로 그 짧은 순간에 존재한다고 볼 수 있습니다.

결국, 인간의 선택은 단순히 의식과 무의식의 대립이 아니라 복잡한 뇌의 신경망이 협력하여 만들어 내는 결과일 가능성이 큽니다. 우리는 그 협력 과정 속에서 때로는 주체로, 때로는 관찰자로 살아갑니다. 뇌 속에서 시작되는 작은 결정 하나가 우리의 삶을 어떻게 변화시키는지를 이해하려는 여정은 아직 끝나지 않았습니다. 그리고 그 과정은 인간이라는 존재가 얼마나 복잡하고도 놀라운지를 다시금 깨닫게 합니다.

인간다움의 손실

✦

1909년, 프로이트는 미국에서 열린 한 학술 콘퍼런스에서 인간의 정신이 의식, 전의식, 무의식으로 구성되어 있으며, 그중 행동에 가장 큰 영향을 미치는 것은 무의식이라는 정신분석 이론을 발표했습니다. 그러나 그의 발표는 즉각적인 환영보다는 날카로운 비판에 직면했습니다.

특히 실험 심리학의 선구자 티치너는 프로이트가 제시한 무의식 개념에 강한 의문을 제기하며, 정신분석의 과학적 정당성에 의심을 표했습니다. 그는 무의식이라는 개념이 심리에 이질적일 뿐 아니라, 실험 심리학이 요구하는 과학적 기준에도 부합하지 않는다고 주장했습니다. 또한 프로이트의 이론이 경험적 검증이 불가능한 추론에 의존하고 있어, 심리학을 과학으로 정립하려는 당시의 흐름과 충돌한다고 지적했습니다.

더 나아가 티치너는 프로이트가 상징에서 의미를 도출하려는 방식을 해석이라기보다 오히려 상징을 과잉 생산하는 행위에 불과하다고 평가절하했습니다.

이러한 비판은 단순한 학문적 견해 차이를 넘어 심리학의 정체성과 방법론에 대한 근본적인 논쟁을 불러일으켰습니다. 실험과 측정을 중시하는 실증주의적 심리학과 인간 정신의 깊이를 탐구하려는 정신분석학 사이의 긴장은 이후 수십 년간 심리학계의 주요한 갈등 축으로 자리 잡게 됩니다.

시간이 지나면서 학계에서는 프로이트의 정신분석 이론에 대한 회의가 점차 확산하였고, 결국 의식 연구의 중심은 더 객관적이고 실험 기반의 과학적 접근으로 이동하게 됩니다. 이에 따라 의식을 과학적으로 탐구하려는 시도는 뇌 자체에 주목하게 했습니다. 과학자들은 대뇌의 특정 부위를 직접 자극하거나, 손상된 부위를 관찰하여 그 기능을 추론하려 했습니다. 이러한 방식은 일종의 탐색적 지도 작성이었습니다. 그러나 이 작업은 마치 장님이 코끼리의 형상을 더듬듯, 전체를 파악하기 어려운 조건 속에서 진행되었습니다.

시각적 단서 없이 부분적인 감각 정보에만 의존한 결과, 대뇌의 기능은 어느 정도 영역별로 구분할 수 있었지만, 개인차와 복잡성 때문에 그 정확한 위치와 역할을 특정하는 데는 한계가 있었습니다. 결국 '이 부위가 대체로 이런 기능을 한다'는 정도의 모호한 정보만 얻을 수 있었습니다. 이처럼 뇌에 대한 이해가 아직 불완전한 상황은, 이후 인류가 겪게 된 커다란 사회적 위기 속에서 더욱 큰 문제로 드러났습니다.

20세기 초반, 두 차례의 세계대전은 수많은 사람들에게 깊은 정신적 상처를 남겼습니다. 전쟁에서 돌아온 군인 중 상당수는 외상 후 스트레스 장애(PTSD), 전쟁 중 뇌 손상으로 인한 정신 질환, 혹은 조현병 같은 만성적 장애에 시달렸습니다. 이들을 위한 효과적인 치료법은 사실상 없었고, 대부분은 정신병원에 장기 수용될 수밖에 없었습니다.

이런 절박한 상황 속에서 의료계는 피부를 절개하거나 몸속에 기구를 삽입하는 등 인체를 직접 열어 보는 방식의 진단과 치료, 수술을 시도하게 되었습니다. 하지만 뇌에 대한 과학적 이해가 충분하지 않았던 탓에, 많은 시도가 예측할 수 없는 부작용을 낳곤 했습니다.

이러한 시도 중 대표적인 것이 바로 뇌엽절제술입니다. 뇌엽절제술의 기원은 예일대학교 풀턴의 실험 신경학 연구로 거슬러 올라갑니다. 풀턴은 미국에서 최초로 영장류를 대상으로 한 신경계 연구를 수행했으며, 점차 그의 관심은 전두엽이라는 특정 영역으로 집중되었습니다. 그는 침팬지의 전두엽 일부를 절제하는 실험을 통해 단기 기억을 요구하는 과제에서 침팬지의 수행 능력이 저하되는 현상을 관찰했습니다.

그러나 더 큰 관심을 끈 것은 행동의 변화였습니다. 실험 후 침팬지들은 이전보다 훨씬 무관심하고 평온한 태도를 보였으며, 실패나 실수에도 감정적으로 동요하지 않았습니다. 풀턴은 이 변화에 대해 "그들이 마치 항상 행복한 것처럼 보였다"라고 묘사했습니다.

1935년, 런던에서 열린 국제 신경학회에서 풀턴이 이 실험 결과를 발표하자, 포르투갈의 의사 모니스는 전두엽이 정신 질환의 주요 원인과 연관되어 있을 가능성에 주목하게 되었습니다. 그는 강박, 우울, 망상과 같은 정신 질환이 전두엽의 비정상적 연결에서 비롯된다고 보고, 그 병든 연결을 잘라 내면 환자의 정신 상태를 회복시킬 수 있다고 믿었습니다.

초기 뇌엽절제술은 극히 원시적인 방식으로 이루어졌습니다. 환자의 측두부에 구멍을 뚫고, 전두엽과 시상을 연결하는 신경조직에 알코올을 주입해 파괴하는 방식이 사용되었습니다. 그러나 알코올이 뇌 조직에 무차별적으로 퍼지며 심각한 손상을 초래했고, 이는 수술의 안전성을 크게 저해했습니다. 이후 절제술은 외과적 수술로 진화했으며, 눈구멍을 통해 송곳과 유사한 도구를 삽입, 전두엽과 시상 사이의 신경 연결을 절단하는 방법이 사용되었습니다. 모니스는 이 수술을 더욱 정밀하게 수행하기 위해 수축식 와이어 루프가 장착된 특수 의료 기구를 직접 개발하기도 했습니다.

이 수술을 받은 환자들은 겉보기에는 놀라울 정도로 차분하고 순응적인 태도를 보였으며, 당시에는 난치성 중증 정신질환자들에게 마지막 수단으로 여겨졌습니다. 실제로 몇몇 국가에서는 수만 건의 뇌엽절제술이 시행되었고, 이 연구 공로로 1949년, 모니스는 노벨상을 받게 됩니다.

그러나 시간이 흐르면서 이 수술의 치명적인 문제점이 하나둘 드러나기 시작했습니다. 전두엽은 단순히 감정 조절만을 담당하는 부위가 아니었습니다. 사고와 판단, 자아 정체성, 도덕성까지 아우르는 인간 정신의 핵심 기능을 포괄하고 있다는 사실이 밝혀진 것입니다. 전두엽의 절제는 곧 인간다움의 상실을 의미했고, 그 결과, 수많은 환자가 감정적 무감각과 인지 저하, 심지어 자아 상실에 가까운 부작용을 겪게 되었습니다.

이렇듯, 한때 혁신으로 여겨졌던 치료법도 시간이 흐르고 새로운 증거가 축적되면서 그 한계와 위험성이 드러날 수 있습니다. 그러나 이는 당시의 과학이 의도적으로 비윤리적이었다기보다는, 그 시대의 제한된 지식과 기술 안에서 최선이라고 믿었던 방식을 선택한 결과라고 할 수 있습니다.

두 세계의 이야기

✦

우리 뇌의 두 반쪽, 즉 좌뇌와 우뇌가 세상을 바라보는 방식이 서로 다르다고 말하면, 처음 듣는 사람은 의아해할지도 모릅니다. 그러나 과학은 이 놀라운 주장에 점점 더 무게를 실어 주고 있습니다. 좌뇌와 우뇌는 단지 생물학적으로 구분되는 기관이 아니라 각각 고유한 방식으로 세상을 해석하도록 정교하게 설계된 두 개의 인식 체계라 할 수 있습니다. 이는 단순한 해부학적 차이를 넘어 인간의 사고와 행동, 더 나아가 자아의 형성에까지 깊은 영향을 끼칩니다.

대중 매체나 일부 심리학 서적에서 흔히 접하는 좌뇌형 인간은 논리적이고 우뇌형 인간은 예술적이라는 이분법은, 매혹적이지만 과장된 오해에 불과합니다. 실제로 뇌는 극도로 복잡하고 정교한 방식으로 양쪽 반구가 상호 작용 하며 기능합니다. 특정 기능이 한쪽 반구에 국한되는 경우는 드물지만, 그렇다고 해서 좌뇌와 우뇌 사이에 기능적 차별성이 없다는 뜻은 아닙니다.

예를 들어, 좌뇌는 언어의 처리, 논리적 분석과 사고에서 강점을 보이지만 우뇌는 공간 인식, 시각적 정보의 통합, 직관적 판단에 더 능숙

합니다. 이 두 반구는 마치 두 개의 다른 렌즈처럼 각기 다른 방식으로 현실을 포착하고 해석합니다. 더욱더 흥미로운 점은, 이 두 반구가 물리적으로 단절되었을 때 마치 하나의 뇌 속에 두 개의 인격이 존재하는 것처럼 행동한다는 실험 결과가 존재한다는 것입니다.

1960년대, 심각한 간질을 앓던 환자들을 위해 시도된 한 수술은 뇌의 비밀을 밝혀내는 데 결정적인 역할을 했습니다. 바로 좌뇌와 우뇌가 서로 소통하고 중요한 정보를 교환할 수 있도록 연결하는 다리인 뇌량을 절단하는 수술이었습니다.

이 수술은 간질 발작을 효과적으로 억제했으며, 수술을 받은 환자들은 겉보기에는 일상생활에 큰 불편을 겪지 않는 듯 보였습니다. 그러나 그들의 뇌는 더 이상 하나로 연결된 통합된 체계가 아니었습니다. 좌뇌와 우뇌가 분리되면서, 이전과는 다른 방식으로 정보가 처리되고 서로 소통하게 되었기 때문입니다.

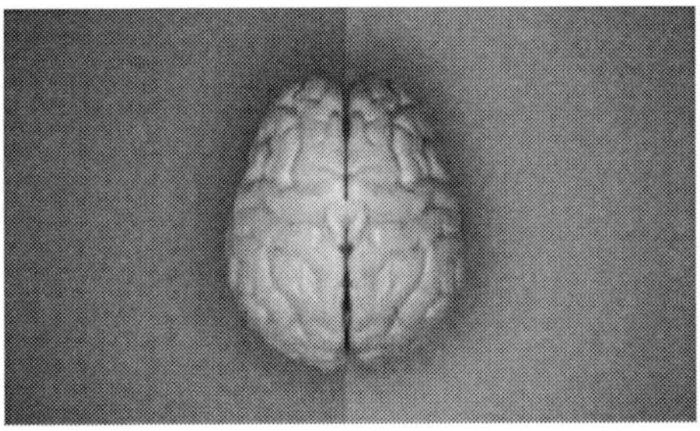

초기의 분할 뇌 연구는 그림, 단어, 물체 등을 짧은 시간 동안 한쪽 시야에만 제시할 수 있는 장치를 활용했습니다. 이를 통해 정보가 특정 뇌 반구에만 도달하도록 조작했으며, 이러한 방식은 각 반구의

기능을 비교적 명확하게 관찰할 수 있는 효과적인 방법이었습니다.

분할 뇌 환자에게 시야의 좌측 영역에 단어로 키를 제시하면, 그 정보는 우뇌로 전달됩니다. 우뇌는 왼손을 제어하므로, 환자는 왼손을 사용해 실제 열쇠를 집을 수 있습니다. 그러나 언어 중추가 좌뇌에 위치하기 때문에 환자는 이 단어를 말로 표현할 수 없습니다.

즉, 언어 처리를 담당하는 좌뇌가 해당 정보를 받지 못했기에 언어적 표현은 불가능했지만, 우뇌는 시각 정보를 인식하고 이를 행동으로 반응할 수 있었음을 보여 줍니다. 이처럼 한 개인 안에서 두 개의 인식 체계가 공존하며 서로 다른 방식으로 반응하는 현상은 인간 의식의 경계를 새롭게 정의하는 계기가 되었습니다.

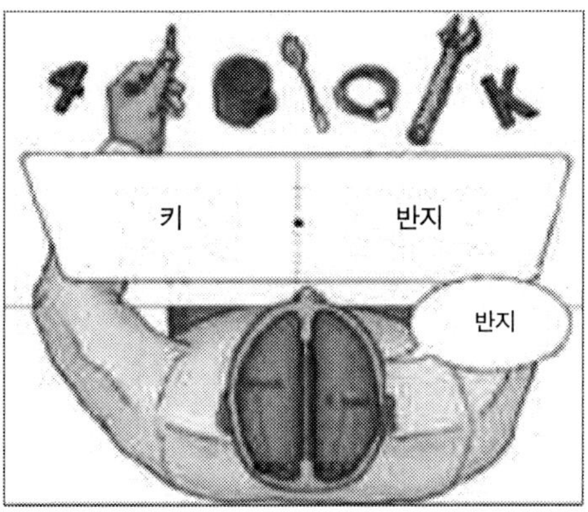

특히 잘 알려진 실험 가운데 하나는 조(Joe)라는 분할 뇌 환자를 대상으로 진행된 연구로, 두 반구가 서로 다른 방식으로 정보를 처리하는 이중 인식 현상을 극적으로 보여 주었습니다. 그는 텍사스라는 단어가 왼쪽 시야에 제시되었을 때 그것을 봤다고 말할 수는 없었지만, 왼손으로는 정확하게 카우보이 모자를 그려 냈습니다.

하지만 정작 왜 그 모자를 그렸는지 설명하지는 못했습니다.

즉, 그는 자극을 인지했지만, 그것을 언어화할 수 없었습니다. 이는 언어 능력을 지닌 좌뇌가 그 자극을 인식하지 못했기 때문입니다. 마치 한 세계는 본 것을 말할 수 없고, 다른 세계는 들은 것을 행동으로 옮기지 못하는 듯한 이분화된 자아가 존재하는 셈입니다.

이러한 사례들은 뇌 안에 두 개의 부분적 의식이 존재할 가능성을 제기합니다. 하나는 말을 하고, 다른 하나는 행동합니다. 이 각각의 반구는 독립적으로 정보를 수용하고 반응할 수 있으며, 그것이 합쳐질 때 우리는 하나의 자아, 하나의 인격으로 느끼는 것일지도 모릅니다. 하지만 좌뇌와 우뇌를 연결하는 신경 섬유 다발인 뇌량이 끊기면, 이 자아는 둘로 쪼개집니다.

물론 모든 분할 뇌 환자에게서 조와 같은 반응이 나타나는 것은 아닙니다. 일부 환자는 제한적인 언어 기능을 유지하며, 상황에 따라 의사소통에 별다른 문제를 겪지 않기도 합니다. 이는 좌뇌와 우뇌의 기능적 구분이 절대적인 것이 아님을 시사하며, 뇌는 상황에 따라 유연하게 재조직되는 놀라운 능력을 지녔다는 증거이기도 합니다. 어쩌면 분할 뇌 환자들은 자극을 이해하고 있으면서도 이를 말로 표현하는 데에만 어려움을 겪고 있는 것일지도 모릅니다.

인간의 의식과 자아는 단일한 중심에서 비롯되는 것이 아니라, 뇌라는 복잡한 신경망의 다층적인 상호 작용 속에서 형성되는 것일 수 있습니다. 우리가 나라고 느끼는 감각은 사실 수많은 신경 회로가 매 순간 함께 작동하며 만들어 내는 결과일지도 모릅니다. 마치 여러 악기가 어우러져 하나의 음악을 만들어 내듯, 뇌 속의 회로들이 조화를 이루며 나라는 경험을 형성하는 것입니다.

조율되는 시각적 의식

✦

우리는 매 순간 눈을 통해 세상을 바라봅니다. 빛이 눈에 들어와 색과 형태를 만들어 내지만, 모든 정보가 곧바로 의식에 도달하는 것은 아닙니다. 대부분의 시각 정보는 무의식 속에서 조용히 처리되고, 그중 일부만이 선택되어 의식으로 올라옵니다. 이 선택 과정은 단순히 감각을 받아들이는 수준을 넘어 뇌의 정교하고 복잡한 신경 활동의 결과입니다. 이러한 과정을 우리는 '시각적 의식'이라고 부릅니다.

시각적 의식은 감각 입력 중 일부만이 의식에 도달하도록 조율하는 과정으로, 의식의 가장 초기 단계에서 나타나는 신경학적 변화와 밀접한 관련이 있습니다. 마치 어둠 속에서 한 줄기 빛이 스며들듯 수많은 자극 중 단 하나의 이미지가 마음속에 선명히 떠오르는 그 순간, 그것이 바로 시각적 의식이 작동한 결과입니다.

과거 영장류를 대상으로 한 연구에 따르면, 후두엽에 위치한 1차 시각 피질과 2차 시각 피질은 우리가 보는 것을 의식적으로 인식하는 과정과 직접적으로 연결되지 않는 것으로 나타났습니다. 1차 시각 피질은 눈으로 들어온 정보를 처음 받아들이고, 2차 시각 피질은 그 정보를 바탕으로 형태, 색깔, 움직임 같은 특징을 더 자세히 분석해 다른 뇌 영역으로 전달합니다.

반면, 청각 기능을 주로 담당하는 측두엽이 시각 자극에 대한 실제 인식을 안정적으로 반영하는 것으로 나타났습니다. 이러한 결과는 시각적 의식이 뇌 전체에서 균등하게 처리되는 것이 아니라, 특정 영역이 더 핵심적인 역할을 한다는 점을 시사합니다. 그렇다고 해서 시각적 의식이 단일 영역에서 독립적으로 작동한다고 단정할 수는 없습니다. 오히려 여러 뇌 영역이 서로 협력하며 복합적인 네트워크를 구성하고 있을 가능성이 제기되고 있습니다.

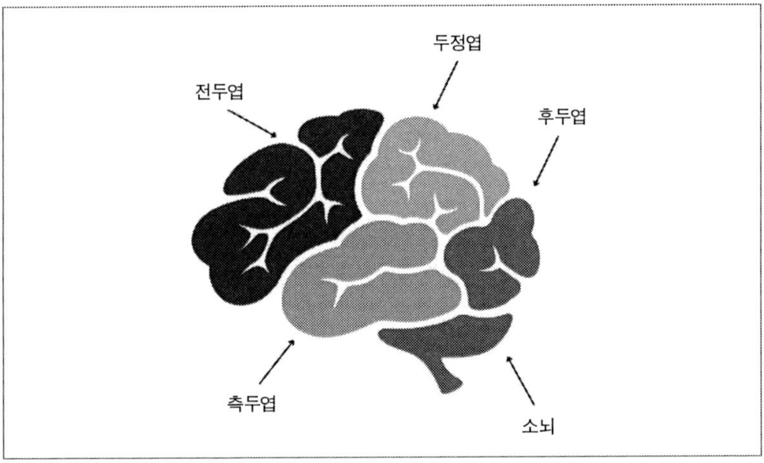

최근에는 계획, 작업 기억, 주의, 충동 조절 등 고차원적인 인지 기능을 담당하는 전전두엽 피질이 시각적 의식에 어떤 역할을 하는지를 밝히기 위한 연구들이 활발히 진행되고 있습니다.

예를 들어, 막스 플랑크 연구소는 1980년대부터 원숭이의 뇌 전기 활동을 기록하며 의식과 무의식의 처리 과정을 추적해 왔습니다. 이 연구에서는 시각 자극이 주어졌을 때 원숭이의 외측 전전두엽에서 나타나는 전기적 활동이 자극을 실제로 인식한 것이라는 결과를 얻었습니다.

이는 시각적 의식이 측두엽뿐 아니라 전전두엽에서도 반영된다는 중요한 증거이며, 특히 전전두엽이 운동 영역과 직접 연결되어 있다는 점에서 의식적 지각이 행동에 영향을 미칠 수 있음을 보여 줍니다. 즉, 측두엽과 전전두엽은 시각 정보를 처리하고 이를 의식적으로 표상하는 데 있어 상호 보완적인 역할을 합니다. 측두엽은 시각 정보를 의미 및 기억과 연결하는 기능을 담당하고, 전전두엽은 그 정보를 바탕으로 의식적 경험을 구성하고 조절하는 역할을 합니다.

이러한 결과는 DNA 이중나선 구조의 공동 발견자인 크릭과 코흐가 1995년에 제안한 '전두엽 가설'을 뒷받침하기도 합니다. 이 가

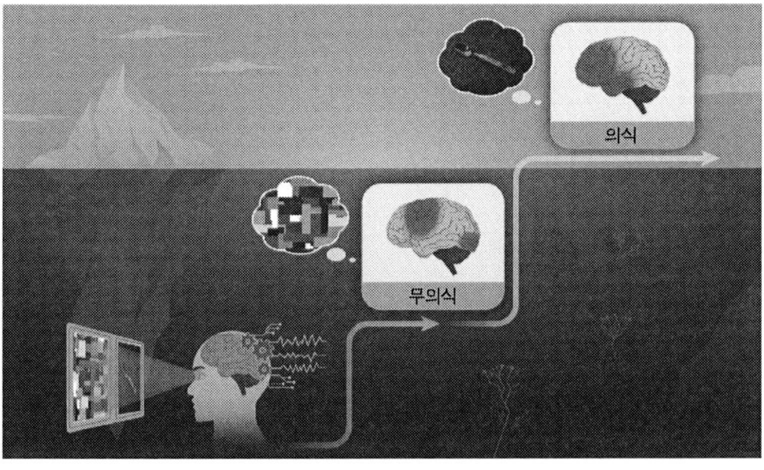

설에 따르면, 감각 기관을 통해 받은 신호 중 전두엽에 도달한 것만 이 의식에 이르며, 전두엽은 이 신호를 다른 뇌 영역으로 방송하듯 전달함으로써 의식이 형성된다고 설명합니다.

결국 측두엽과 전전두엽이라는 서로 다른 두 영역에서의 신경 활동이 모두 시각적 의식과 관련되어 있다는 점이 밝혀졌습니다. 이는 감각 입력이 의식에 도달할지를 결정하는 메커니즘이 단일 피질 영역이 아니라, 뇌 전체에 걸친 신경 세포들의 글로벌 네트워크에 의해 조율된다는 것을 시사합니다. 특히 전전두엽이 시각적 의식에 분명히 관여한다는 사실은 우리가 세상을 어떻게 의식적으로 경험하는지, 더 나아가 의식이란 무엇인지에 대한 이해에 중요한 단서를 제공합니다.

이러한 발견은 시각적 의식의 메커니즘에 대한 새로운 질문을 제기합니다. 예를 들어, 두 영역 중 어느 쪽이 먼저 활성화되는지, 두 영역이 어떤 방식으로 상호 작용 하는지 그리고 왜 어떤 정보는 의식에 도달하고, 다른 정보는 억제되는지 등은 앞으로 밝혀야 할 중요한 과제가 될 것입니다.

뇌가 세상의 절반을 무시해

✦

우리는 일상에서 아무런 생각이나 뜻이 없이 우연히 주변을 인식하고, 자연스럽게 움직이며 살아갑니다. 길을 걷고, 사람을 피하고, 문고리를 잡고, 물건을 들어 올리는 모든 행동은 특별해 보이지 않지만 사실은 매우 복잡한 인지적 조율의 결과입니다. 손을 뻗어 컵을 집는 단순한 동작조차도 뇌는 수많은 계산과 예측, 감각 통합을 통해 계획하고 실행합니다.

우리가 세상을 인식한다는 것은 단순히 눈으로 보는 것이 아니라 수많은 뇌 영역이 협력하여 의미를 구성하고, 주의를 배분하며, 반응을 조직하는 고차원 작업입니다. 이러한 능력은 너무도 자연스럽게 작동하기 때문에 우리는 그 존재를 쉽게 잊곤 합니다. 그러나 이 기능이 손상되었을 때, 우리는 비로소 그것이 얼마나 섬세하고 정교하게 유지됐는지 실감하게 됩니다.

매년 수많은 사람이 뇌졸중이나 외상성 뇌손상 이후, 보는 것과 인식하는 것이 전혀 다른 문제임을 직접 경험합니다. 그중에 서도 특히 놀라운 증상 중 하나는 공간 무시 또는 편측 무시라 불리는 현상입니다. 말 그대로 세상의 절반을 인식하지 못하게 되는 인지적 결함입니다.

공간 무시는 단순한 시각 장애가 아닙니다. 눈은 여전히 정보를 받아들이지만, 뇌가 그것을 의식의 무대로 올리지 못하는 것입니다. 시각 정보가 눈을 통해 들어오더라도 뇌의 주 시스템, 즉 전두엽, 두정엽, 측두엽이나 망상체 등 여러 뇌 영역이 협력하여 특정 자극에 집중하고 불필요한 정보를 걸러내는 복잡한 신경망이 제대로 작동하지 않으면 그 자극은 존재하지 않는 것과 다름없습니다. 이러한 이유로 공간 무시는 시각의 결함이 아니라 주의력의 장애로 분류됩니다.

이 증상은 주로 한쪽 두정엽의 특정 부위가 손상되어 뇌의 뒤쪽 시각 영역과 앞쪽 운동 및 주의 시스템 간의 연결이 끊어질 때 발생합니다. 그 결과, 뇌는 공간의 한쪽에 대한 정보를 통합하지 못하게 되며, 환자는 실제로 존재하는 세계의 절반을 전혀 인식하지 못한 채 살아가게 됩니다.

실제로 우뇌 손상 환자 6,324명과 좌뇌 손상 환자 2,913명을 대상으로 한 체계적인 분석에 따르면, 뇌졸중 후 환자의 약 30%가 공간 무시 증상을 보이는 것으로 나타났습니다. 특히 우뇌 손상 시 공간 무시가 더 흔하게 발생하는 경향이 있습니다. 이러한 증상은 며칠 내에 호전되기도 하지만, 일부 환자에게는 수개월 이상 지속하여 일상생활로의 복귀에 심각한 어려움을 초래하기도 합니다.

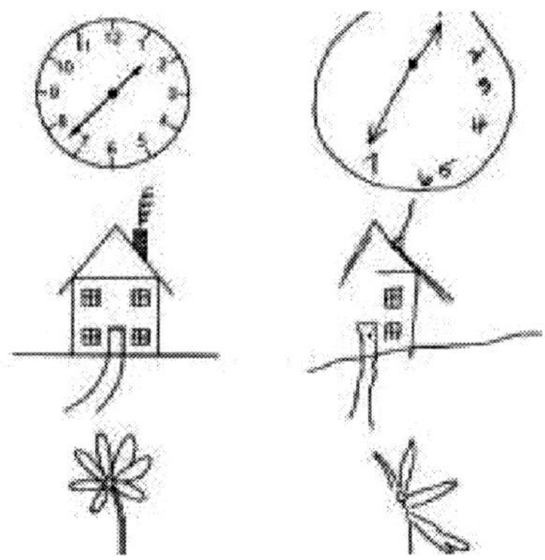

공간 무시 환자의 삶은 우리가 상상하는 것보다 훨씬 더 제약되어 있습니다. 예를 들어, 얼굴의 한쪽만 면도하거나 화장하고, 몸의 한쪽만 씻으며, 휠체어를 이동할 때는 반복적으로 한쪽 벽이나 문에 부딪히곤 합니다. 식사할 때는 접시의 한쪽 음식만 먹고, 책이나 신문의 절반만 읽거나 글씨를 페이지의 한쪽에만 씁니다. 그림을 그릴 때는 시계나 꽃의 절반만을 그리기도 하며, 선의 중심을 잘못 인식해 치우친 위치를 중심이라고 착각하기도 합니다. 심지어 어떤 경우에는 자신의 한쪽 팔이나 다리를 몸 일부로 인식하지 못하는 현상도 보고됩니다. 이러한 증상은 단순한 반응 저하가 아니라 신체 일부가 존재한다는 사실 자체를 지워 버리는 인지적 결함입니다.

예컨대 오른쪽 뇌가 손상되면 왼쪽 공간에 대한 인식이 현저히 저하됩니다. 이로 인해 책을 읽을 때 왼쪽 문장을 건너뛰거나 왼쪽 페이지 전체를 읽지 못하는 경우가 빈번하게 발생합니다. 더 심각한 것은, 환자 본인이 이러한 문제를 전혀 자각하지 못한다는 점입니다. 오른쪽만 읽은 후에도 자신이 책을 완전히 읽었다고 생각하는 경우가 많습니다. 이러한 자각 결여는 공간 무시의 심각성을 더욱 심화시키며, 재활 과정을 어렵게 하기도 합니다.

결국 뇌는 세상의 모든 정보를 받아들이지 않습니다. 오히려 우리가 살아남고 기능하는 데 꼭 필요한 최소한의 정보만을 선택적으로 걸러 내어 보여 주는 필터 역할을 합니다. 그런 의미에서 뇌는 우리를 보호하고 지탱해 주는 가장 효율적인 관리자일지도 모릅니다. 그러나 그 필터가 한쪽으로만 작동한다면 세상의 절반은 의식 속에서 완전히 사라져 버릴 수 있습니다. 공간 무시는 바로 그 사실을 극명하게 드러내는 사례입니다.

세상은 언제나 우리 앞에 존재하는 것처럼 보입니다. 하지만 뇌가 그것을 인식하지 못한다면 그것은 사실상 존재하지 않는 것과 다름없습니다. 우리는 뇌의 인식 구조 안에서만 세상을 경험하며, 그 구조가 무너질 때 비로소 의식이란 얼마나 좁은 창을 통해 세상을 바라보고 있는지 깨닫게 됩니다.

잊히지 않는 기억

✦

어느 날, 아무런 예고 없이 닥쳐온 하나의 사건은 우리의 삶을 송두리째 바꿔 놓을 수 있습니다. 그것은 마치 평온한 호수에 돌 하나가 던져지는 것과 같습니다. 겉보기에는 몇 차례 물결이 일고 곧 사라지는 듯하지만, 그 여운은 호수의 바닥까지 잔잔히 스며들어 오래도록 흔적을 남깁니다.

대표적인 예가 바로 트라우마입니다. 트라우마는 인간의 경험을 넘어서는 심각한 사건으로 인해 발생하는 정서적 반응으로, 조용하면서도 집요하게 우리의 내면을 흔듭니다. 트라우마를 경험하는 순간, 우리 뇌는 곧바로 생존을 위한 비상 체계, 이른바 투쟁-도피 반응을 가동합니다. 아드레날린과 코르티솔 같은 스트레스 호르몬이 분비되고, 심장은 빨라지고, 호흡이 거칠어지며, 근육은 긴장합니다. 마치 몸 전체가 하나의 경보 시스템이 되어 위협을 감지하고 대응하는 데 집중합니다.

그러나 트라우마는 단지 순간적인 생리 반응으로 끝나지 않습니다. 그것은 뇌 깊숙한 곳에 자리 잡아 오랜 시간 동안 감정과 기억의 흐름을 뒤흔듭니다. 이 기억은 주로 편도체와 해마, 즉 감정과 기억을 담당하는 뇌의 핵심 구조에 각인됩니다. 우리는 그 기억을 잊었다고 믿지만 뇌는 결코 잊지 않습니다.

트라우마는 과거의 기록이 아니라 현재를 구성하는 정서적 구조물로 자리 잡습니다. 말없이 그러나 강하게 우리의 감정, 사고, 행동을 조정하는 이 기억은 특정한 소리나 냄새, 혹은 스쳐 가는 풍경 하나만으로도 불쑥 되살아나 우리를 과거의 공포로 끌어당깁니다.

실제로 노스웨스턴대의 연구에 따르면, 일반적인 기억은 뇌의 여러 영역에 분산되어 저장되고, 필요할 때 의식적으로 불러올 수 있습니다. 반면, 트라우마와 연관된 기억은 대뇌피질 아래에 있으며 신경 정보 처리를 돕고, 감정, 감각, 운동 등 다양한 뇌 기능을 담당하는 피질하 영역에 저장되어 의식적인 접근이 어렵습니다. 이는 일종의 생존 메커니즘일 수 있습니다. 너무 고통스러운 기억을 떠올리는 것은 때로 생명을 위협하기 때문입니다.

하지만 이런 억압은 반드시 보호적이지만은 않습니다. 억눌린 기억은 특정 상황에서 재현될 때 더 생생하게 회상되어 불안, 우울, 외상 후 스트레스 장애, 해리성 장애 등 다양한 정신 건강 문제로 이어질 수 있습니다.

미국 국립보건원의 연구에 따르면 트라우마는 뇌의 세 가지 핵심 영역, 즉 감정과 본능을 담당하는 편도체, 감정과 충동을 조절하는 전전두엽 피질 그리고 기억을 처리하는 해마에 지속적이고 복합적인 영향을 미치는 것으로 나타났습니다.

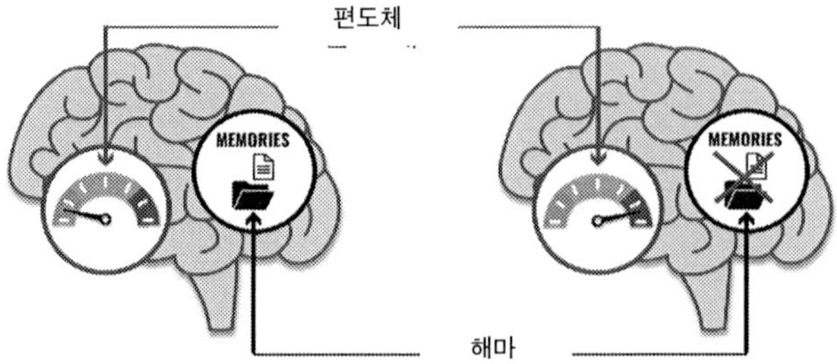

예를 들어, 트라우마 기억이 떠오르면 편도체는 그 순간을 다시 체험하는 것처럼 강하게 반응합니다. 전전두엽은 제 기능을 잃고, 이성적 판단보다는 본능적 반응이 우선됩니다. 해마의 기능이 저하되면서 과거와 현재를 구분하지 못하게 되어, 뇌는 과거의 위협을 현재의 위험으로 착각하게 됩니다.

그 결과, 지속적인 과각성 상태에 빠져 감정과 충동 조절이 어려워지고, 삶은 마치 꺼지지 않는 경보음 속에서 계속되는 듯한 피로에 시달리게 됩니다. 이러한 반응은 우리 몸에도 영향을 미칩니다. 만성 스트레스는 코르티솔 수치의 비정상적인 상승을 유발하고, 이는 심혈관 질환, 면역 기능 저하, 대사 장애 등으로 이어질 수 있습니다.

무엇보다 문제 해결 능력과 의사 결정 과정까지 영향을 받아 일상의 소소한 선택조차 버겁게 느껴집니다. 어떤 이들은 예전으로는 결코 돌아갈 수 없다는 두려움 속에 극단적인 선택을 하기도 합니다.

그러나 트라우마는 단순한 상처가 아닙니다. 그것은 몸과 마음, 기억의 지층에 새겨진 깊은 흔적입니다. 사람들은 종종 트라우마를 이미 지나간 일이라고 말하지만, 그것은 결코 과거에 머물지 않습니다. 트라우마는 현재를 침범하고, 미래를 가로막는 기억의 그림자입니다. 아무런 예고 없이 문을 두드리고, 우리는 다시 그 순간의 공포 속으로 끌려갑니다.

트라우마 생존자들은 흔히 자신이 예전과 다르다고 느낍니다. 세상은 낯설고, 자신은 더 이상 예전의 자아가 아닙니다. 감정은 쉽게 요동치고, 사소한 일에도 과민하게 반응하며, 삶 전체가 마치 무너진 집을 다시 짓는 일처럼 느껴집니다. 그 감각은 단지 기분 탓이 아니라 실제로 뇌의 구조적 변화에서 비롯된 것일 수 있습니다.

그러나 여기에서 멈추지 않아야 합니다. 뇌는 변화할 수 있는 기관, 곧 신경 가소성을 지닌 존재입니다. 적절한 치료와 지속적인 도움이나 안전한 환경이 주어진다면 뇌는 다시 균형을 찾아갈 수 있습니다. 트라우마는 삶을 바꿀 수 있지만, 그 변화가 반드시 파괴적인 방향일 필요는 없습니다. 오히려 그 상처를 통해 우리는 더 깊은 공감과 이해 그리고 인간으로서의 회복력을 발견할 수 있습니다.

트라우마는 인간의 뇌가 얼마나 정교하고 섬세한지를 보여 주는 동시에, 우리가 얼마나 회복력 있는 존재인지를 증명합니다. 상처는 흔적을 남기지만, 그 흔적 위에 새로운 삶을 그려 나갈 가능성 또한 우리 안에 존재합니다. 그 가능성은 때로 고요한 희망의 언어로 속삭입니다. "당신은 여전히 다시 시작할 수 있다"고.

신경의 숲에서 피어나는 빛

✦

의식에 대한 과학자들의 탐구는 마치 안개에 휩싸인 고대의 숲을 헤쳐 나가는 탐험가의 여정과도 같습니다. 그들은 손에 쥔 나침반처럼 뇌라는 정교하면서도 신비로운 생명의 지도를 들고, 그 속에 숨겨진 나라는 존재의 본질을 향해 조심스럽게 발걸음을 옮깁니다. 이 여정은 단순히 생물학적 구조를 해석하는 것을 넘어 존재의 가장 깊은 신비를 찾아가는 정신의 탐험입니다.

우리가 무언가를 보고, 듣고, 느끼는 순간, 뇌는 수많은 신경의 활동을 정교하게 조율합니다. 감각의 문지기인 시상은 외부 세계의 자극을 받아들이고, 두정엽은 그 자극들을 하나의 의미로 엮어 내는 직물 기술자처럼 작동합니다. 기억과 사고, 감정과 계획이라는 고등 정신 활동의 무대를 설계하는 전두엽은 우리의 내면세계를 구성하고, 미래를 상상할 수 있게 합니다.

이처럼 뇌의 각 영역은 단순한 생물학적 기관이 아니라 의식이라는 무형의 현상을 만들어 내는 정교한 협업의 장입니다. 의식은 단지 뇌의 부산물이 아니라, 이 복잡한 신경망이 만들어 내는 하나의 살아 있는 흐름이며, 우리가 세계와 관계 맺고 자신을 자각하는 방식 그 자체입니다.

과학자들은 우리의 의식이 단순히 한 방향으로 흘러가는 과정이 아니라는 사실을 밝혀냈습니다. 뇌 속에서는 정보가 위아래로 오가며 끊임없이 주고받는, 양방향 네트워크가 작동하고 있습니다. 먼저 바깥에서 들어온 감각 정보는 시상을 거쳐 촉각이나 압각, 통증 같은 몸의 감각을 처리하는 체성감각 피질로 전달됩니다. 그다음 이 정보는 두정엽에 있는 감각 연합 영역으로 이동해 서로 엮이고 정리됩니다.

이 과정은 마치 감각이라는 씨앗이 뇌라는 토양에 심어져, 점점 의미라는 꽃으로 자라나는 여정과도 같습니다. 이렇게 아래에서 위로 정보를 전달하는 흐름을 피드 포워드 연결이라고 부릅니다. 하지만 씨앗이 꽃을 피우려면 햇빛이 필요하듯, 이 과정만으로는 충분하지 않습니다. 위쪽에서 아래로 내려오는 피드백 연결이 함께 작동해야 합니다. 피드백은 감각 정보에 상황과 의미를 덧붙여 주고, 그것을 의식의 영역으로 끌어올립니다.

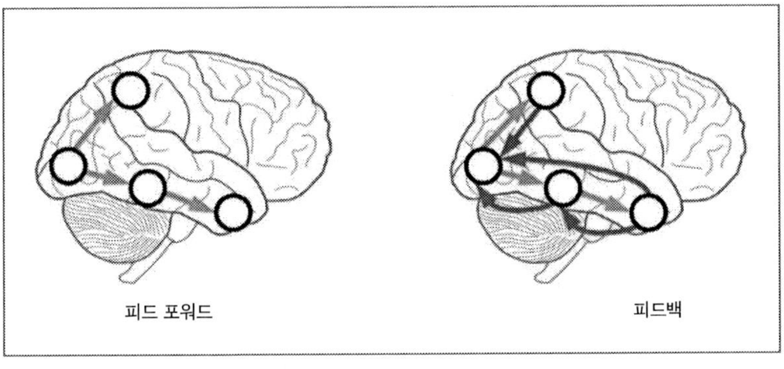

피드 포워드와 피드백이 서로를 비추는 거울처럼 맞물릴 때, 우리는 단순히 자극받는 것을 넘어 느끼고 있다는 경험을 하게 되는 것입니다.

시각 지각을 연구한 키타조노는 뇌의 모든 영역이 동일한 양방향성을 지니지 않으며, 특히 대뇌피질과 시상에서 그 연결이 집중되는 반면, 소뇌와 같은 영역은 마치 고요한 호수처럼 의식의 흐름에서 한 발짝 떨어져 있다는 사실을 발견했습니다.

그는 또한 피드 포워드 연결만 존재할 경우, 자극은 마치 그림자처럼 지나가며, 의식적으로 지각되지 않는다는 사실을 밝혔습니다. 반대로, 피드 포워드와 피드백이 함께 작동할 때 자극은 빛을 얻고, 의식의 무대 위에 등장합니다. 예를 들어, 수면 마취나 식물인간 상태는 이 무대의 조명이 꺼진 순간이며, 피드백 구조 역시 함께 사라집니다.

놀랍게도 키타조노는 인간뿐 아니라 원숭이, 쥐, 새나 심지어 파리와 같은 다양한 생명체에서 이 양방향 처리 구조가 의식 형성에 필수적임을 관찰했습니다. 이는 의식이 고등한 사고의 부산물이 아니라 생명 그 자체의 숨결일 수 있음을 암시합니다. 파리의 날갯짓에도, 쥐의 눈빛에도, 작은 의식의 불꽃이 깃들어 있던 셈입니다.

이러한 발견은 오랫동안 과학자들이 믿어 온 의식은 대뇌피질과 시상에서 비롯된다는 견해와 일치합니다. 대뇌 피질은 뇌의 표면에 펼쳐진 광활한 대지며, 감각과 운동, 연합의 기능이 이곳에서 피어납니다. 감각 신호를 대뇌 피질로 전달하는 시상은 그 중심에 자리한 고요한 호수처럼 다양한 피질 영역과 연결되어 의식의 흐름을 조율합니다. 특히, 시상-피질 고리의 상호 작용은 마치 심장과 폐처럼 의식의 호흡을 유지하는 데 필수적입니다.

결국 우리가 나라고 느끼는 그 찰나의 빛은 단순한 전기적 신호의 흐름이 아닙니다. 그것은 수많은 뉴런이 서로를 향해 손을 뻗으며 만들어 내는 생명의 연결이며, 그 교차점에서 피어나는 언어는 말로 표현할 수 없는 존재의 떨림입니다. 이 떨림은 우리가 거울을 바라볼 때, 사랑을 느낄 때 혹은 죽음의 그림자를 마주할 때 더욱 선명하게 다가옵니다. 그것은 물리적 세계를 넘어선 감각이며, 시간과 공간을 초월해 나라는 존재가 스스로를 인식하는 순간의 섬광입니다.

과학자들은 이 섬광을 이해하기 위해 뇌의 미로를 탐색하고, 의식의 흔적을 추적하며, 생명의 언어를 해독하려 합니다. 그들의 연구는 단순히 뉴런의 연결을 밝히는 데 그치지 않고, 인간이 어떻게 세계를 느끼고, 기억하며, 의미를 부여하는지를 이해하려는 시도입니다. 그리고 그 여정의 끝에는, 어쩌면 우리가 아직 알지 못하는 '더 깊은 차원의 나'가 기다리고 있을지도 모릅니다.

그의 시간은 멈춰 있습니다

✦

오전 11시 40분, 점심시간이 조금 늦어진 어느 날이었습니다. 그는 도시 외곽의 좁은 골목에 택배 차량을 세워 두고 있었습니다. 하루도 쉬지 않고 가족을 위해 일하던 그는 그날도 김밥 한 줄로 점심을 때우며 배달을 이어 가고 있었습니다. 평범했던 그 시간이 그의 마지막 업무가 될 줄은 아무도 몰랐습니다.

그의 차량은 골목 한편에 멈춰 있었고, 몇 시간이 지나도 움직이지 않았습니다. 회사에서도 여러 차례 연락을 시도했지만 끝내 연결되지 않았습니다. 오후 4시경, 이상함을 느낀 주민의 신고로 구조대가 출동했고, 그는 운전석에서 쓰러진 채 발견되었습니다. 병원 진단은 급성 뇌출혈. 이미 의식을 잃은 지 몇 시간이 지난 상태였고, 뇌에는 심각한 손상이 발생한 뒤였습니다. 수술을 받았지만, 상태는 호전되지 않았습니다.

지금 그는 3년째 최소의식상태에 머물러 있습니다. 눈을 뜨고 때때로 눈물을 흘리기도 하지만, 말하거나 주변을 인식하지는 못합니다. 병상 위에 멈춘 그의 삶 그리고 그의 가족 역시 그 시간에 함께 멈춰 서 있습니다.

무엇보다도 마음 아픈 것은, 차 안에서 수 시간 동안 홀로 쓰러져 있었음에도 아무런 도움을 받지 못했다는 사실입니다. '조금만 더 일찍 발견되었더라면 어땠을까' 하는 아쉬움이 가족의 마음을 지금도 짓누르고 있습니다. 그날은 그 가족에게 지울 수 없는 상처로 남아 있습니다.

지금도 그는 병원 2층, 창가 쪽 침대에 누워 있습니다. 창밖으로는 수많은 차량이 분주히 오갑니다. 어쩌면 그 풍경이 그에게는 익숙한 일상처럼 느껴질지도 모릅니다. 과거의 자신처럼 누군가는 바쁘게 배달 중일 것이고, 또 누군가는 소중한 사람을 만나러 가는 길일지도 모릅니다.

그의 아내는 매일 그의 손을 잡고 말합니다.

"기적이 오기를 기다릴 뿐이에요. 남편은 아직 여기 있어요. 떠난 게 아니에요."

그녀의 목소리는 낮지만 단단하고, 그 말속에는 긴 기다림과 끝나지 않은 사랑이 고스란히 담겨 있습니다.

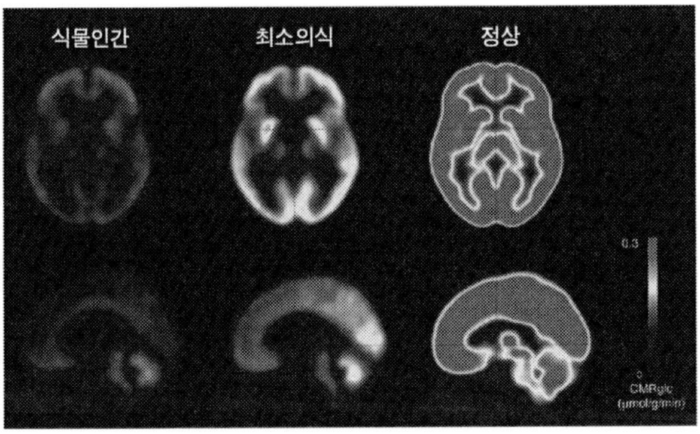

의식은 단지 눈을 뜨고 있는 것만을 의미하지 않습니다. 갑작스러운 뇌 손상이 발생하면, 사람은 눈을 뜨고도 깨어 있지 않은 상태에 빠질 수 있습니다. 이러한 식물인간 상태와 정상 상태 중간 단계에 최소 의식 상태가 있습니다.

최소의식상태란 말 그대로 의식이 아주 미약하게 남아 있는 상태를 말합니다. 이 상태의 환자들은 자극에 반응하거나 가끔 눈물을 흘리는 등의 반응을 보이기도 하지만, 명확한 의사 표현이나 주변 인식은 거의 불가능합니다. 드물게 점진적으로 회복되는 사례도 있지만, 대부분은 오랜 시간 변화 없이 머무르게 됩니다. 시간이 길어질수록 회복 가능성은 적어지는 것이 현실입니다.

심지어 뇌에 직접적인 손상이 없더라도 감각 입력이 줄어들면 의식에 영향을 줄 수 있습니다. 이를 감각 박탈이라고 부르는데, 외부 자극이 차단되면 뇌는 혼란에 빠지고, 현실 감각이 서서히 희미해집니다.

우리의 뇌는 시각, 청각, 촉각과 같은 감각 기관을 통해 끊임없이 정보를 받아들이며 세상을 인식합니다. 그런데 이러한 감각들이 갑자기 사라지면 남은 감각에 과도하게 집중하거나 내부의 생각과 감정에 몰입하게 됩니다. 예를 들어, 시력을 잃은 사람이 청각이나 촉각이 더 민감해지는 것도 뇌의 적응 현상입니다. 그러나 반대로 모든 감각이 장기간 차단되면 시간 감각이 흐트러지고, 심지어 환각이 발생하는 경우도 있습니다.

이처럼 의식은 단순히 눈을 뜨고 소리를 듣는 것만으로 이루어지지 않습니다. 그것은 뇌의 복잡한 네트워크가 정교하게 작동한 결과며, 우리는 그 섬세한 균형 위에서 하루하루를 살아가고 있는 것입니다. 누군가에게는 너무도 당연한 하루가, 다른 누군가에게는 다시는 돌아오지 않는 시간이 될 수도 있습니다. 그러니 지금 우리가 살아 있음에 대해 그리고 사랑하는 사람과 함께할 수 있음에 대해, 조금 더 소중히 여길 필요가 있습니다.

뇌를 연구하는 기술

✦

인간의 뇌는 오랫동안 과학자들에게 가장 복잡하고 신비로운 탐구 대상 중 하나였습니다. 지난 100여 년간 뇌 기능의 본질을 둘러싼 논의는 끊임없이 이어져 왔지만, 최근에는 그 이해 방식에 있어 중대한 전환점에 이르렀다는 주장이 점차 힘을 얻고 있습니다. 아직 이를 완전한 패러다임의 전환이라 단정하기는 어렵지만 분명 변화의 흐름은 시작되었으며, 그 중심에는 뇌 영상 기술의 눈부신 발전이 자리하고 있습니다.

뇌 영상 기술은 뇌의 구조적·기능적·생화학적 상태를 시각적으로 표현하는 도구로, 과거의 해부학적 접근이 결코 포착할 수 없었던 살아 있는 뇌를 관찰할 수 있게 해 주었습니다. 이러한 기술은 단순한 진단의 수단을 넘어 과학의 사고방식 자체를 재편하는 촉매로 작용하고 있습니다.

대표적인 뇌 영상 기술로는 컴퓨터 단층촬영(CT), 자기공명영상(MRI), 기능적 자기공명영상(fMRI), 양전자 단층촬영(PET) 등이 있으며, 이들은 각기 다른 측면에서 뇌를 조망함으로써 상호 보완적으로 인간의 뇌 작동 원리를 규명하는 데 기여하고 있습니다.

CT는 X선과 컴퓨터 기술을 결합하여 우리 몸 내부의 단면 영상을 생성하는 기술입니다. 회전하는 X선 빔이 우리 몸을 스캔하며 데이터를 수집하고, 이를 컴퓨터가 해석하여 2차원 또는 3차원 영상으로 재구성합니다. 이 과정을 통해 다양한 각도에서 인체 구조를 정밀하게 관찰할 수 있어 뇌 질환, 외상, 종양, 심혈관 질환 등 폭넓은 분야에서 활용됩니다. CT는 방사선을 이용하지만 전통적인 X선 검사보다 훨씬 더 상세한 정보를 제공하며, 특히 응급 상황에서 빠르고 정확한 진단을 가능하게 한다는 점에서 매우 중요한 의료 영상 도구로 평가받고 있습니다.

MRI는 강한 자기장과 고주파를 이용해 우리 몸속을 영상으로 확인하는 검사하는 기술입니다. 주로 연조직, 즉 뼈와 치아를 제외한 우리 몸의 다양한 부드러운 조직 구조를 정밀하게 관찰하는 데 사용됩니다. 방사선을 사용하지 않기 때문에 인체에 비교적 안전하며, 특히 뇌, 척수, 근육 등의 조직을 고해상도로 분석할 수 있다는 장점이 있습니다. 검사 시간은 CT보다 길고 비용도 높은 편이지만, 구조적 병변의 발견뿐만 아니라 기능적 자기공명영상(fMRI)과 결합할 경우 뇌 활동의 변화를 탐지하는 데에도 활용됩니다. MRI는 질환의 원인 분석과 진행 경과를 관찰하는 데 있어 매우 중요한 의료 영상 도구로 자리 잡고 있습니다.

fMRI는 뇌의 상태를 실시간으로 영상화하는 기술로, 특정 뇌 영역의 활동에 따라 변화하는 혈류량을 측정합니다. 뇌가 활성화되면 해당 부위로 혈류가 증가한다는 원리를 기반으로 인지, 언어, 감정, 의사 결정, 기억 등 고차원적 정신 활동이 어떤 뇌 부위와 관련되어 있는지를 시각적으로 파악할 수 있습니다. 1990년대 초반부터 본격적으로 활용되기 시작한 fMRI는 뇌 활동 지도를 작성하는 핵심 도구로 자리매김했으며, 신경과학, 심리학, 인지과학 등 다양한 분야에서 인간 정신을 이해하는 데 중요한 역할을 하고 있습니다.

PET은 소량의 방사성 추적자를 체내에 주입한 후, 그 물질이 방출하는 방사선을 감지하여 인체의 대사 활동을 영상으로 표현하는 기술입니다. 구조적 변화 이전의 기능적 이상을 조기에 탐지할 수 있어 암, 심장 질환, 신경퇴행성 질환 등의 조기 진단에 효과적입니다.

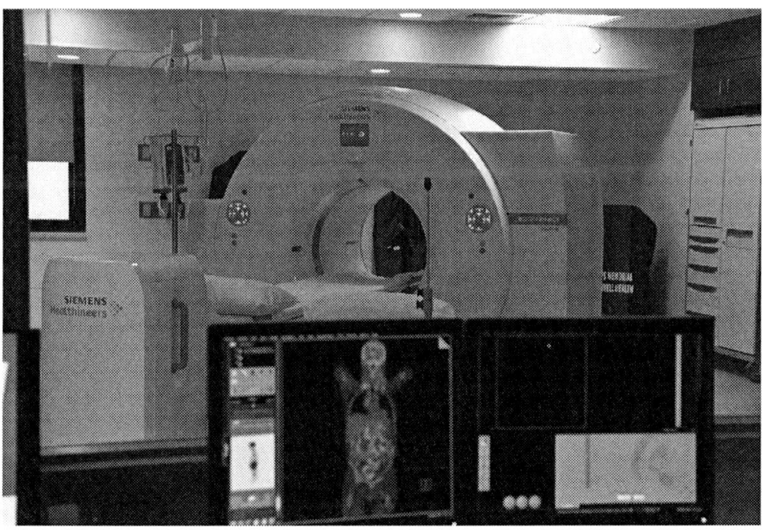

특히 PET는 뇌 영상 분야에서는 뇌 혈류, 산소 소비량, 포도당 대사 등을 측정하여 뇌졸중, 치매, 파킨슨병 등 다양한 신경학적 질환의 원인을 분석하는 데 활용됩니다. 또한, 도파민과 같은 신경전달

물질의 분포나 이동을 추적할 수 있어 뇌 기능의 생화학적 기반을 실시간으로 관찰하는 데 매우 유용합니다.

이처럼 뇌 영상 기술의 발전은 인간의 뇌를 바라보는 관점을 구조 중심에서 기능 중심으로, 정적인 이미지에서 동적인 흐름으로 이동시켰습니다. 이제 기술은 단순한 관찰 도구를 넘어 사고의 틀과 해석의 방식을 근본적으로 재편하는 존재가 되었으며, 이러한 변화는 뇌과학 전반에 걸쳐 새로운 연구 방향과 통찰을 이끌어 내고 있습니다. 아직 완전한 패러다임 전환이라 부르기엔 이르지만, 우리는 분명 그 전환을 향한 진입로에 올라선 상태입니다.

3부

정의와 철학적 논의

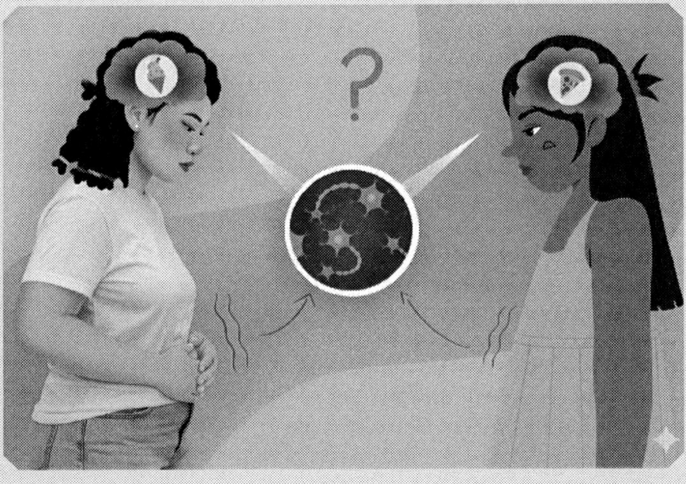

인지적 처리 과정

나는 발을 내디뎠다.
익숙한 계단이었다. 매일 오르내리던
머릿속 어딘가에 저장된 계단의 높이를 신뢰하고,
나는 아무런 주저 없이 발을 뻗었다.
그런데 발끝이 허공을 지나쳤다.
존재해야 할 계단이 없었다.
나는 내가 있다고 믿은 자리에 발을 디딘 것이다.
다음 계단이 있을 거라 믿은 자리엔, 아무것도 없었다.
순간 몸이 휘청였다.
중력의 당김이 너무도 낯설게 느껴졌다.
나는 새삼 깨달았다.
내가 얼마나 많은 것을 무의식적으로 처리하고 있는지.
그 무의식이 정교하고, 동시에 허술할 수 있는지를.
나는 눈으로 보고, 머리로 판단하고, 근육으로 반응한다.
이 단순한 한 걸음을 위해
내 뇌는 엄청난 양의 정보를 동원해 미세한 결정을 내린다.
발을 얼마나 들어야 할지, 무게 중심은 어디로 옮겨야 하는지,

발바닥의 각도와 근육의 긴장도는 어느 정도여야 할지.
그 모든 계산은 실시간으로, 의식의 개입 없이 이루어진다.
하지만 오늘은 뭔가 어긋났다.
어딘가에서 작은 오류 하나가 생겼다.
어쩌면 한발 앞서 걷고 있던 생각들,
그런 것들이 나의 주의를 살짝 비껴가게 했을지 모른다.
혹은 습관이 너무 깊어졌는지도 모른다.
너무 익숙해진 탓에 오히려 의심하지 않게 되었고,
의심하지 않았기에 오류가 생겼고,
그 오류가 나를 공중에 띄운 것이다.

이상한 나라의 앨리스와 지각의 미로

◆

루이스 캐럴의 『이상한 나라의 앨리스』는 단순한 아동 문학의 범주를 가볍게 넘어서 독자를 현실과 환상의 경계 너머로 이끄는 기묘한 여정으로 초대합니다. 앨리스가 토끼 굴을 따라 지하로 내려가는 그 상징적인 장면은 우리가 알고 있던 세계의 틀인 시간, 공간, 언어, 자아가 무너진 공간을 보여 줍니다. 그 안에서는 말하는 동물과 뒤틀린 시간 개념 그리고 철학적인 질문을 던지는 애벌레와 같은 기이한 존재들이 등장합니다.

앨리스가 도착한 이 세계는 명백히 비논리적이지만, 단순한 혼란이나 기이함을 넘어서는 정교한 구조를 갖습니다. 이 세계에서 비논리는 무질서가 아니라 또 다른 질서입니다. 그것은 현실이라는 절대적인 기준을 해체함으로써, 우리가 당연하게 여겨 온 인식의 틀을 되묻고, 그 너머를 상상하게 만듭니다.

특히 상징적인 장면 중 하나는, 앨리스가 거대한 버섯 위에 앉은 애벌레와 마주하는 순간입니다. 물담배를 피우며 태연하게 말하는 애벌레가 던진 질문은 단순한 호기심이 아니라 정체성의 본질을 겨누는 화살처럼 날아옵니다.

> "넌 누구지."

이에 대한 앨리스의 대답은 당혹감과 불확실성으로 가득 차 있습니다.

> "지금은 잘 모르겠어요. 오늘 아침에는 내가 누군지 알았던 것 같은데, 지금은 여러 번 바뀐 것 같아서요."

이 짧은 대화 속에는 고정된 자아라는 개념에 대한 깊은 회의가 녹아 있습니다. 나라는 존재는 과연 동일한 실체인가, 아니면 순간마다 변화하는 감각과 기억의 흐름 속에 흔들리는 것인가. 캐럴은 앨리스를 통해, 우리가 당연하게 여기는 자기 인식이라는 개념 자체를 불확실한 것으로 제시합니다.

놀랍게도, 환상의 세계가 현실의 신경학적 현상과 이어져 있다는 점에서 이상한 나라의 앨리스는 단순한 동화를 넘어 과학적 영감을 주는 작품으로 읽힙니다. 실제로 존재하는 희귀한 신경학적 증상인 앨리스 증후군은 이 동화에서 이름을 따왔는데, 현실을 바라보는 감각을 극단적으로 왜곡시키는 특징이 있습니다. 이 증후군을 겪는 사람은 사물이나 몸의 크기, 거리, 형태를 비현실적으로 경험하는데, 예를 들어 손이 갑자기 커진 것처럼 느껴지거나 방 안의 물체들이 멀어졌다가 다시 가까워지는 듯한 착각을 겪게 됩니다.

흥미로운 점은, 이런 현상이 단순한 환각이 아니라 실제 자극을 기반으로 한 왜곡된 인식이라는 것입니다. 외부 세계는 그대로 존재하지만, 그것을 받아들이는 뇌의 체계가 흔들리면서 현실이 다르게 보이는 셈이라고 할 수 있습니다.

이 지점에서 우리는 평소 지각을 얼마나 신뢰하는지 돌아볼 필요가 있습니다. 예를 들어, 우리가 물을 마시려고 컵을 들 때를 떠올려 봅시다. 컵의 위치와 손과의 거리, 무게 중심 등을 뇌가 빠르게 계산하고, 그에 맞춰 근육을 조절합니다. 이 과정의 일부는 의식적으로 판단하지만 대부분은 무의식적인 신경 처리 덕분에 자동으로 이루어집니다.

하버드대학교의 잘트먼이 수행한 연구에 따르면, 우리가 내리는 결정의 약 95%는 잠재의식에서 이루어진다고 합니다. 즉, 우리가 컵을 본다고 해서 그것을 어떻게 잡을지까지 명확히 생각하지는 않습니다. 우리는 별다른 고민 없이 물을 마시고, 걷고, 말합니다. 이러한 자동화된 행동은 우리의 뇌가 대부분의 일상적 활동을 매우 정교하면서도 효율적으로 처리하고 있다는 강력한 증거입니다.

이 과정을 아주 작은 수준에서 들여다보면, 뇌 속의 개별 뉴런은 자신이 맡은 역할의 전체 그림을 알지 못합니다. 예를 들어, 당신이 앨리스의 뇌 속에 있는 뉴런 하나라고 상상해 봅시다. 당신은 매일 수상돌기를 통해 화학 신호를 받아들이고, 전기적 변화가 차곡차곡 쌓이다가 일정한 기준에 이르면 신호를 전달합니다.

당신이 하는 일은 그저 신호를 전달하는 것뿐입니다. 그 신호가 결국 앨리스의 손을 들어 올리는 움직임으로 이어진다는 사실도, 더 나아가 그녀가 어떤 생각을 하고 있다는 사실도 알 수 없습니다. 뉴런의 세계는 지극히 좁고 국소적이며, 우리가 경험하는 의식은 이런 미시적인 활동을 그대로 비추는 거울이 아닙니다.

즉, 뉴런 하나의 정보가 앨리스의 의식 속에서 곧바로 활용되는 것은 아니며, 의식은 수많은 생리적 신호의 복합적인 패턴 그리고 그 상호 작용의 결과로 탄생하는 것입니다. 다시 말해, 의식은 뇌의 산물이지만 그 내부 작동 원리는 나라는 자아가 직접 볼 수 없는 어두운 중심부로 향하는, 단일하고 복잡한 길 속에서 일어납니다.

과학자 코스탄디는 저서 『우리 몸이 나다』에서, 지각은 수동적인 수용이 아니라 능동적인 구성이라고 말합니다. 우리의 뇌는 외부 자극을 단순히 받아들이는 것이 아니라 과거의 기억, 경험, 편견, 기대 등과 결합하여 의미를 창조합니다. 다시 말해, 우리가 보고, 듣고, 느끼는 모든 것은 현실이 아니라 해석이며, 그 해석은 상황에 따라, 심지어 우리의 기분이나 건강 상태에 따라 끊임없이 변합니다.

이러한 관점에서 본다면 『이상한 나라의 앨리스』는 단지 기괴한 동화가 아니라, 인간 인식의 본질을 다룬 철학적 우화입니다. 앨리스가 겪는 크기와 거리의 왜곡, 자아의 불확실성, 시간의 역행은 모두 인간 지각의 불완전함과 유동성을 상징합니다. 그리고 그 상징은 실제로 존재하는 신경학적 현상, 즉 앨리스 증후군과 맞닿음으로써 문학과 과학이 서로를 비추는 거울이 됩니다.

결국 우리가 마주하는 세상은 있는 그대로의 실재가 아니라, 뇌가 만들어 낸 해석의 산물입니다. 이 버전은 끊임없이 편집되고 조율되어, 우리가 현실이라 부르는 것은 사실상 뇌가 선택한 하나의 이야기일 뿐입니다. 앨리스가 겪은 혼란은 동화 속 주인공만의 특수한 경험이 아니라 오늘을 살아가는 우리 모두가 품고 있는 의식의 취약성과 가능성 그리고 그 경계를 넘나드는 상상력의 본질을 드러냅니다.

단지 깨어 있음만을 의미하지 않습니다

✦

지금 당신은 무엇을 보고 있습니까. 아마도 눈앞 화면에 펼쳐진 이 글자들이겠지요. 일정한 간격으로 배열된 문장들, 차분한 톤으로 정돈된 단어들, 그 뒤로는 빛이 스며든 흰 배경, 혹은 어둠 속에서 희미하게 반사되는 광택이 자리하고 있습니다. 당신의 시선은 분명 화면에 머물러 있지만, 마음은 어쩌면 다른 어딘가를 지나고 있을지도 모릅니다.

동시에, 창밖을 스치는 바람의 흔적, 잔잔히 흔들리는 나뭇잎의 그림자, 멀리서 들려오는 익숙한 소리, 차량의 진동, 누군가의 발걸음, 냉장고에서 흘러나오는 낮은 윙윙거림, 방 안의 공기 온도, 옷깃을 스치는 작은 움직임, 오래된 책장의 냄새, 창밖 햇살의 기울기까지. 그 모든 사소한 감각들이 이 순간에도 조용히 당신 곁에 머물고 있습니다.

몸은 분명히 이 자리에 있지만, 감각은 여러 차원에서 동시에 반응합니다. 그리고 그 모든 감각을 받아들이고 해석하며 의미로 엮어 내는 존재가 바로 나입니다. 단지 눈에 보이는 사물이나 귀에 들리는 소리를 넘어 '내가 보고 있다', '내가 듣고 있다'고 느끼는 주체. 세상이 존재함을 알고, 그 한가운데 자신이 있음을 자각하는 존재. 결국 의식이란 세계와 나를 연결하는 가장 근원적인 다리입니다.

이처럼 내가 감각을 단순히 받아들이는 것에 그치지 않고, 그것을 경험으로 통합할 때 비로소 의식이 드러납니다. 의식은 단순한 감각의 수집이 아니라, 매 순간 살아 있음을 느끼게 해 주는 가장 섬세한 빛입니다. 심리학에서는 의식을 자신과 외부 세계에 대한 자각 즉 생각, 감정, 기억이나 감각과 환경을 인식하는 상태로 정의합니다. 우리가 '나는 지금 이렇다'고 말할 수 있는 그 순간, 우리는 이미 의식의 흐름 위에 놓여 있는 셈입니다.

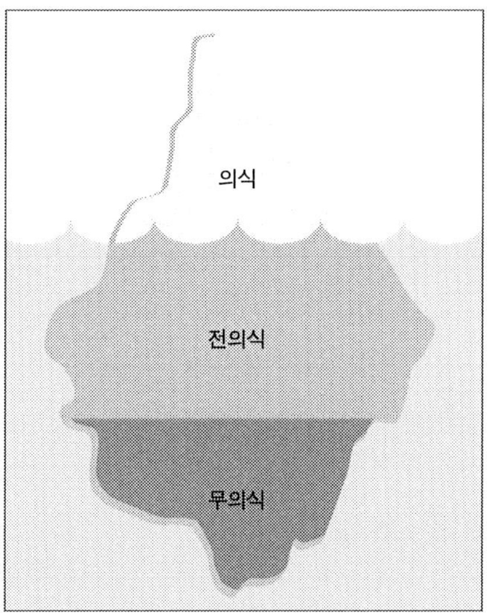

또한 우리는 하나의 생각에 몰입하다가도 문득 며칠 전의 장면을 떠올리고, 이내 오늘 저녁에 먹을 음식을 고민합니다. 이처럼 의식

은 하나의 장면에서 다음 장면으로 부드럽게 흐르며, 우리는 의식의 흐름 속에서 살아갑니다. 이러한 관점은 프로이트의 정신 분석 이론에서도 잘 드러납니다. 그는 의식을 우리가 인지하고 있는 경험과 감정의 층위로 보았고, 그 아래 곧 떠올릴 수 있는 기억을 전의식, 더 깊은 본능과 충동의 세계를 무의식이라 불렀습니다. 이 세 층위는 마치 얼음산처럼, 눈에 보이는 꼭대기 아래 거대한 세계가 숨겨져 있는 구조를 이룹니다. 우리의 의식은 그렇게, 깨어 있음과 무의식 사이를 잇는 얇은 다리와도 같습니다.

그러나 의식은 단순히 흐르는 정보의 집합이 아닙니다. 그것은 지극히 개인적인 체험이며, 언어로는 완전히 설명할 수 없는 감각의 특유한 맛을 지닙니다.

예를 들어, 딸기를 베어 물었을 때 입안에 퍼지는 단맛, 햇살이 피부에 닿을 때 스며드는 따스함, 오래된 책장 속 종이 냄새가 불러일으키는 감정은 직접 경험하지 않은 타인에게는 온전히 전달될 수 없습니다.

마찬가지로, 한 번도 본 적 없는 카페를 전화로 설명한다고 해도 구조와 색감, 공기의 밀도, 그 공간의 분위기를 상상할 수 있을 것입니다. 하지만 그곳에서 당신이 느끼는 감정과 미묘한 감각까지는 결코 알 수 없을 것입니다.

이처럼 의식은 철저히 주관적인 세계입니다. 사람마다 다르고, 심지어 같은 사람의 하루 안에서도 시시각각 변합니다. 이러한 변화는 때로 극단적인 방식으로 나타나기도 합니다.

예를 들어, 꿈을 꾸거나 환각을 경험할 때, 깊은 명상 상태에 머물 때, 혹은 특정 약물에 의해 의식이 이완되거나 확장될 때가 그렇습니다. 특히 종교적 체험이나 극도의 감정 상태 속에서 사람들은 마치 세계가 멈춘 듯하거나 자신이 세계와 하나가 된 듯한 의식의 고양 상태를 경험하기도 합니다.

이러한 상태는 때로 황홀한 신비로 다가오지만, 때로는 병리적 신호로 나타나기도 합니다. 예컨대 조증의 초기 단계에서 사람은 지나치게 맑고 투명한 기분, 넘치는 아이디어, 거침없는 자신감과 폭발적인 에너지를 경험합니다. 그러나 이러한 상태가 점점 더 심각해지면 현실 판단력이 무너지고, 의식은 더 이상 자각의 장이 아니라 혼돈의 무대로 변질되기도 합니다.

이렇듯 의식은 단일한 실체가 아니라, 끊임없이 변형하여 표현되는 스펙트럼입니다. 깨어 있음과 무의식 사이, 명료함과 혼란 사이, 평범함과 신비 사이를 오가며 끊임없이 움직입니다. 의식은 고정된 구조물이 아니라 매 순간 새롭게 조율되고 천을 짜는 살아 있는 현상입니다.

우리는 오늘도 그 무대 위에서 살고 있습니다. 세상을 보고, 느끼고, 생각하며, 나라는 존재를 감지하고 있습니다. 지금 이 순간, 당신은 다시 한번 묻게 됩니다. 나는 무엇을 보고 있는가. 나는 지금 이 세계 속에서 정말로 깨어 있는가. 그리고 이 질문을 할 수 있다는 그 자체가 이미 의식이라는 신비한 불꽃이 당신 안에서 타오르고 있다는 증거입니다.

분리된 이원론을 넘어서

✦

인간의 마음은 정교하게 짜인 태피스트리와 같습니다. 수많은 자극이 실처럼 얽히고설켜 하나의 무늬를 이루며, 그 속에서 감정과 인지라는 두 가지 색을 발견할 수 있습니다. 오랫동안 감정과 인지는 서로 다른 영역에 속한 것으로 여겨져 왔습니다. 감정은 마음의 문제, 인지는 이성의 기능이라는 이분법적 사고가 우리의 이해를 지배했던 것입니다.

전통적으로 과학자들은 감정과 인지를 뇌의 독립적인 영역에서 발생하는 별개의 과정으로 이해했습니다. 감정은 편도체의 산물로, 인지는 전두엽의 작용으로 구분되었습니다. 그러나 이러한 구분은 인간 정신의 복잡성을 지나치게 단순화한 틀에 불과합니다. 실제로, 마음은 훨씬 더 정교하고 통합적인 구조를 지니고 있습니다. 감정은 단순한 충동이 아니라 빠른 평가 시스템이며, 인지는 느린 조절 시스템으로서 끊임없이 상호 작용 하며 인간 행동을 이끌어 갑니다.

위험을 감지했을 때를 생각해 봅시다. 편도체는 공포와 불안 같은 감정을 촉발하고, 관련 기억을 활성화하며 먼저 반응합니다. 이어 전두엽은 기억, 사고, 추리, 계획, 문제 해결을 통해 그 위험을 평가하고 적절한 대응 전략을 마련합니다. 감정이 의사 결정이라는 인지 과정에 깊숙이 관여하고, 동시에 인지가 감정을 조율하는 복잡한 상호 작용을 보여 주는 순간입니다.

다시 말해, 감정은 사고의 흐름을 바꾸고, 사고는 감정의 색채를 조율합니다. 이러한 상호 작용은 마치 두 악기가 서로의 리듬을 주고받으며 완벽한 하모니를 이루는 연주와도 같습니다. 따라서, 감정과 인지를 엄격히 구분하려는 시도는 뇌의 실제 작동 방식과는 거리가 먼, 지나치게 단순화된 관념에 불과합니다.

실제로 뇌를 면밀히 들여다보면 감정과 인지 각각에 한정된 고유 영역이 존재하기보다는, 다양한 영역이 서로 긴밀히 연결된 복합적인 회로망 속에서 통합적으로 작동합니다. 이러한 통합적 작동은

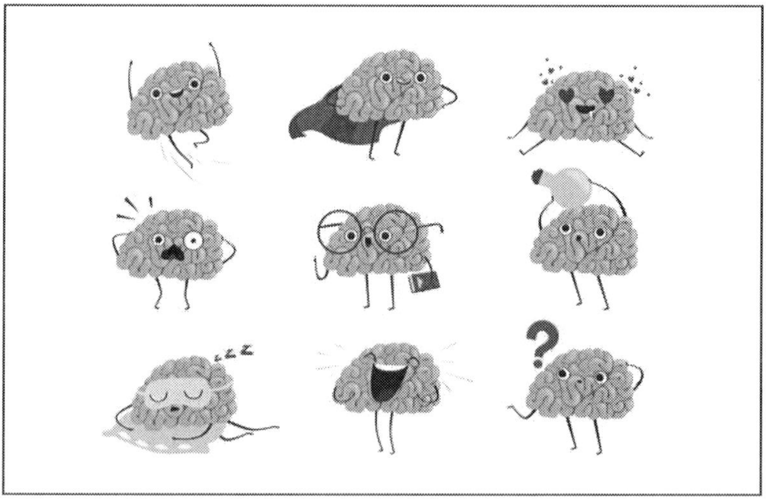

인간의 가장 근본적인 목적, 즉 생존과 삶의 질 향상과 밀접하게 연결되어 있습니다.

인간은 단순히 살아남는 데 그치지 않고, 고통을 피하고 즐거움을 추구하는 방향으로 진화해 왔습니다. 감정은 바로 이 본능을 반영하며, 기쁨, 불안, 슬픔, 안도감 등 다양한 형태로 나타납니다.

긍정적 감정은 동기를 부여하고 사회적 유대를 강화하며, 복잡한 상황에서 행동의 방향을 잡아 주는 역할을 합니다. 극심한 두려움을 이겨 낸 뒤 찾아오는 안도감이나 환희는 단순한 감정 반응을 넘어 인간의 회복력과 적응 능력을 보여 주는 지표입니다. 이러한 감정은 몸과 마음이 비교적 균형 잡힌 상태임을 알리는 신호로써, 삶의 만족도와 건강, 나아가 생존 가능성과도 밀접하게 연결됩니다.

반면, 슬픔, 두려움, 우울과 같은 부정적 감정은 생존을 위한 경고 체계로 작동합니다. 이는 환경이나 신체 내부의 문제에 대해 빠르고 본능적인 대응을 유도하며, 기능적 불균형이 존재함을 알려 줍니다. 지속적인 통증이나 우울감은 해결되지 않은 위험 신호일 수 있고, 방치될 경우 생명에 위협이 될 수도 있습니다. 따라서, 부정적 감정 역시 제거해야 할 대상이 아니라 생존을 돕는 방어 메커니즘으로 이해할 필요가 있습니다.

감정이라는 현상을 어떻게 이해할 것인지는 학자들 사이에서도 다양한 해석을 낳아 왔습니다. 감정과 의식 연구로 잘 알려진 다마시오와 르두는 감정의 기원과 의식과의 관계를 서로 다른 관점에서 설명하며, 이 분야의 연구 지평을 넓혀 왔습니다.

다마시오는 감정을 우리 몸의 내부 상태와 긴밀히 연결된 지속적인 흐름으로 이해합니다. 그는 감정을 '항상성을 유지하거나 회복하기 위한 생리적 반사 반응'으로 설명하며, 이러한 감정의 상당 부분은 무의식적으로 발생한다고 봅니다. 갈증, 배고픔, 발열, 평온함과 같은 신체적 변화가 바로 의식의 토대를 이룬다는 것입니다.

반면, 르두는 감정을 의식적인 경험으로 정의합니다. 그는 감정이 단순한 생리적 반사에 그치지 않고, 인지적 해석 과정을 거쳐 구성된다고 강조합니다. 감정은 뇌의 해석적이고 구성적인 작용의 산물이며, 이를 이해하기 위해서는 의식에 대한 선행 이해가 필요하다는 입장입니다. 이 관점에서 감정은 생존 메커니즘을 넘어 학습, 자기 인식, 사회적 판단과 같은 고차원적 인지 기능과 밀접하게 연결됩니다.

결국 감정은 단순한 느낌이나 일시적 반응을 넘어, 인간 행동을 이끄는 핵심 동기이자 복잡한 생물학적 반응을 매개하는 심리 신경학적 현상입니다. 과거에는 감정을 비이성적이라고 치부했지만, 현대 심리학과 신경과학은 감정을 인지와 동등하게 중요한 정보 처리 방식으로 이해하고 있습니다. 감정과 인지는 분리된 두 기능이 아니라 하나의 통합된 시스템 속에서 상호 보완적으로 작동하며, 이는 인간 존재의 근본 목적인 생존과 적응과 깊이 연결되어 우리가 세상을 인식하고 이에 반응하는 방식을 형성합니다.

무언가가 나를 자극했기 때문일 거야

✦

우리는 하루 대부분의 시간 동안, 의식하든 그렇지 않든 끊임없는 자극 속에서 살아갑니다. 마치 바람에 흔들리는 갈대처럼 우리의 감각은 외부 세계의 미세한 떨림에 예민하게 반응합니다. 사물과 단어, 소리와 얼굴 그리고 감정까지, 이 모든 것은 하나의 파동이 되어 우리 내면의 호수에 잔잔한 물결을 일으킵니다. 그 물결은 때로는 부드러운 여운으로, 때로는 거친 파도로 다가와 우리의 감정과 사고, 행동, 나아가 정보 처리의 방식에까지 깊은 흔적을 남깁니다.

우리가 걷는 거리의 풍경, 스쳐 지나가는 사람의 표정, 무심코 흘러나온 노랫말 한 줄은 우리의 마음 어딘가를 가만히 건드립니다. 그 작은 흔적은 의식의 수면 위로 조용히 떠올라 때로는 "내가 왜 이런 행동을 했을까?"라는 질문을 남기기도 합니다. 그 답은 의외로 단순합니다.

"무언가가 나를 자극했기 때문일 거야."

이처럼 우리는 자극을 자각하지 못한 채 반응하고, 그 반응은 곧 우리의 선택과 행동으로 이어집니다.

이러한 자극은 일상 속에 흔히 존재하는 단어나 이미지와 깊은 관련이 있습니다. 예컨대 매일 마주치는 광고판의 브랜드나 라디오에서 반복적으로 들려오는 익숙한 멜로디처럼, 반복되는 자극은 점차 익숙함을 넘어 긍정적인 인상으로 변해 갑니다. 흥미롭게도 이러한 단순 노출 효과는 뇌가 자극을 무의식적으로 처리하게 만들며, 그 결과, 많은 자극이 의식적으로 지각되지 않을 수 있습니다. 실제로 무의식적 정보 처리 실험에서 참가자들은 자신이 특정 정보에 노출되었다는 사실조차 인식하지 못했음에도 그 정보에 대해 더 호의적인 태도를 보이는 경향을 나타냈습니다.

무의식적 정보 처리를 보여 주는 대표적인 현상으로는 프라이밍이 있습니다. 프라이밍이란 특정 자극에 노출된 후, 그 자극과의 연관성을 인식하지 못한 채 이후의 반응이나 판단에 영향을 받는 현상을 의미합니다. 프라이밍은 매우 다양한 방식으로 작용합니다. 우리의 단어 선택과 기억의 호출, 나아가 즉각적인 결정이나 선택의 방향에도 보이지 않게 개입합니다. 예를 들어, 버터를 본 뒤에는 빵을 더 쉽게 떠올리는 현상을 생각해 볼 수 있습니다. 빵과 버터가 일상에서 자주 함께 등장해 왔기 때문에, 하나가 다른 하나를 자연스럽게 불러오는 대표적인 프라이밍입니다. 이러한 현상은 시간이 지나며 약화하지만, 단기적으로는 분명히 의식에 영향을 미칩니다.

프라이밍을 가장 직관적으로 보여 주는 예는 단어 연상 과제입니다. 예컨대 SOUP이라는 단어가 먼저 제시된 뒤 단어 목록을 제시하면, 오른쪽에 있는 SOAP을 더 빠르게 인식하게 됩니다. 이는 우

리의 뇌가 의미적으로 연관된 단어들을 무의식적으로 연결하기 때문입니다. 즉, 자극은 감각을 통해 입력되지만, 그 영향은 우리의 마음속 깊은 층위에서 특정 개념을 활성화하고, 이는 가까운 미래의 사고와 행동을 은밀하게 이끕니다.

이러한 심리적 메커니즘은 정치나 미디어 영역에서도 널리 활용되며, 때로는 이를 통해 사회적 편향이 재생산되기도 합니다.

대표적인 사례로, 소넷 등은 허리케인 카트리나 당시 뉴스 보도에 나타난 인종적 편향을 분석했습니다. 그들은 시각적 단서와 언어적 표현이 결합될 때 나타나는 효과에 주목했습니다. 예를 들어, 흑인이 식료품을 들고 가는 장면은 '가게를 약탈했다'라고 묘사된 반면, 유사한 상황의 백인에 대해서는 '가게에서 빵과 소다를 발견했다'라고 표현되었습니다. 또 재난 피해자들을 난민이라고 지칭한 사례는 미디어가 고정 관념을 어떻게 강화하는지를 잘 보여 줍니다.

이처럼 미디어가 특정 주제를 어떤 시각으로 조명하느냐는, 우리가 정치인이나 정책을 평가할 때 사용하는 판단 기준에도 무의식적으로 영향을 미칩니다. 이러한 영향은 대개 자각되지 않은 채 작용하며, 때로는 사실과 어긋난 신념을 강화하거나 사회적 편견을 고착화하는 결과로 이어지기도 합니다. 결국 프라이밍은 장기적으로 정치적 고정 관념과 편견의 형성과 유지에 기여하고, 이는 판단의 대상이 되는 집단에 심대한 영향을 미칠 수 있습니다.

더 나아가 이러한 왜곡된 인식은 사회적 대화의 방향을 편향시키고, 공적 담론의 다양성과 깊이를 저해합니다. 특정 이미지나 언어가 반복적으로 노출될수록 우리는 그것을 당연한 것으로 받아들이게 되고, 비판적 사고는 점차 무뎌지며, 대안적 시각은 배제됩니다.

그 결과, 무의식에서 형성된 반응이 곧 우리의 선택과 행동으로 이어지기도 합니다. 이 모든 과정은 눈에 보이지 않게 진행되지만, 그 영향은 분명히 현실 속에서 드러납니다. 프라이밍은 단순한 심리적 반응을 넘어 정보 소비와 의견 형성의 구조 자체를 흔들 수 있는 힘을 지니고 있습니다.

결국 우리는 미디어를 소비할 때, 단순히 눈앞에 펼쳐진 정보만을 받아들이는 데 그쳐서는 안 됩니다. 그 이면에서 작동하는 심리적 메커니즘을 함께 인식해야 합니다. 화면 속 빛과 소리, 문장과 이미지는 결코 중립적이지 않으며, 우리의 감각을 흔들고 사고의 방향을 바꾸고, 때로는 무의식 깊은 곳에까지 스며들어 우리의 선택과 행동을 좌우합니다.

이처럼 미디어는 순간적으로 바람처럼 스쳐 지나가는 듯 보이지만, 그 흔적은 오래 남습니다. 한 줄의 기사, 한 장의 사진, 한순간의 영상은 우리의 마음을 흔들고, 나아가 사회의 흐름까지 바꿀 수 있습니다. 우리가 그것을 무심히 받아들일 때, 우리의 의식은 타인의 의도에 의해 조용히 편집됩니다. 그러나 깨어 있는 눈으로 바라볼 때, 미디어는 단순한 자극을 넘어 성찰의 거울이 되고, 공공성을 지탱하는 대화의 장으로 변모합니다. 작은 실천이기도 합니다.

무의식과 의식의 협업

♦

흔히 천재라는 단어는 매우 지능이 높은 사람과 창의적인 사람 모두를 지칭하는 데 쓰입니다. 이 때문에 창의성과 높은 지능이 동일한 개념처럼 여겨지곤 하지만, 사실은 그렇지 않습니다. 심리학자 터먼은 IQ 135 이상인 아동들을 수십 년간 추적한 종단 연구를 통해, 높은 지능이 반드시 높은 창의성으로 이어지지 않는다는 사실을 밝혔습니다.

이 연구는 우리에게 중요한 깨달음을 줍니다. 창의성은 단순히 지적 능력의 부산물이 아니라 고정된 사고방식을 넘어서는 태도, 낯선 관점을 기꺼이 수용하려는 개방성 그리고 새로운 조합을 상상해 내는 능력에서 비롯됩니다. 다시 말해, 창의성이란 새롭고 상상력 넘치는 아이디어를 현실로 구현하는 능력입니다.

그것은 마치 어둠 속에서 반짝이는 별 하나를 발견하는 일처럼, 익숙한 세계 속에서 낯선 가능성을 포착하는 통찰의 힘이기도 합니다. 수학자 푸앵카레는 이를 "흩어진 요소들을 새롭고 유용한 방식으로 결합하는 능력"이라 정의했습니다. 그의 말처럼 창의적인 결과는 이미 존재하던 정보나 개념들 사이에서, 겉보기에 무관해 보이는 것들 사이의 연결 고리를 발견하는 순간에 탄생합니다.

즉, 창의성이란 세상을 낯선 눈으로 바라보는 능력입니다. 평범한 풍경 속에 숨겨진 패턴을 발견하고, 전혀 관련 없어 보이는 현상들 사이의 연관성을 찾아내며, 그 안에서 새로운 해결책을 끌어내는 과정입니다. 마치 오래된 책 속 잊힌 문장을 되살려 내거나 낡은 지도 위에 아직 그려지지 않은 길을 발견하는 일처럼, 창의성은 관습의 경계를 허물고 가능성의 지도를 다시 그리는 작업입니다.

창의성을 만들어 내는 창의적 사고는 우연히 떠오르는 것이 아니라 구체적인 사고 과정을 따릅니다. 일반적으로 창의적 사고는 네 단계를 거칩니다. 첫 번째는 기본적인 정보와 기술을 습득하는 준비 단계입니다. 그다음은 의식적으로 문제를 해결하려 하기보다는, 무의식적인 사고 속에서 다양한 연결이 형성되는 부화 단계로 이어집니다. 이어지는 발현 단계에서는 갑작스러운 통찰, 즉 유레카 경험을 통해 해결책이 떠오릅니다. 마지막으로, 아이디어를 의식적으로 검토하고 구체화하여 실현 가능한 형태로 다듬는 검증 단계가 뒤따릅니다.

이 과정에서 가장 인상적인 순간은 갑자기 '아하!' 하고 깨닫는 때일지도 모릅니다. 마치 퍼즐의 마지막 조각이 맞춰지거나 뿌옇던 풍경이 한순간에 또렷해지는 것과 같습니다. 이런 깨달음은 짧지만 강렬하며, 복잡해 보이던 문제 속에서 질서를 발견하는 즐거움을 줍니다. 하지만 이런 순간은 우연히 떠오른 영감이 아니라 창의적 사고가 여러 단계를 거치며 자연스럽게 나타나는 결과입니다. 다시 말해, 창의성은 번뜩이는 순간 하나로 끝나는 것이 아니라 무의식과 의식이 함께 작용하며 만들어지는 과정임을 알 수 있습니다.

창의성의 고전적 사례로는 아르키메데스의 유레카 일화가 자주 언급됩니다. 그는 금관의 순도를 측정하는 문제를 고민하던 중 목욕하며 욕조에 몸을 담그는 순간, 자신이 밀어낸 물의 양을 통해 부피를 측정할 수 있다는 사실을 깨달았습니다. 전설에 따르면 그는 "유레카(Eureka)"를 외치며 옷도 입지 않은 채 거리로 뛰쳐나갔다고 합니다. 이 일화는 부화 단계에서 무의식이 문제를 붙잡고 씨름한 끝에, 발현 단계에서 갑작스러운 통찰로 이어지는 전형적인 예입니다.

이처럼 무의식은 지식과 감정, 경험이 축적된 저장소로서 조용히 작동하며, 서로 다른 정보들을 엮어 창의적인 해결책을 끌어냅니다. 반면, 의식은 정보의 체계적 분석, 검토, 실행을 통해 아이디어를 구체화합니다.

따라서 창의성은 의식과 무의식의 역동적인 대화에서 탄생합니다. 의식은 질서를 세우고, 무의식은 가능성을 확장시킵니다. 두 영역은 마치 서로 다른 언어를 가진 예술가처럼 각자의 방식으로 세계를 해석하고 표현합니다. 때로는 충돌하고, 때로는 조화를 이루며, 마침내 하나의 창조물을 완성해 냅니다.

결국 창의성은 단지 번뜩이는 아이디어에 그치지 않습니다. 그것은 세상을 바라보는 태도이자, 익숙한 것 속에서 낯선 가능성을 발견하려는 끊임없는 시도입니다. 창의적인 사람은 현실의 경계에 머무르지 않고 그 너머를 상상하며, 끊임없이 질문을 던집니다. '왜'라는 물음에서 출발해 '만약에…'라는 가능성으로 확장되는 그 여정 속에서 창의성은 빛을 발합니다.

그리고 그 빛은 단지 문제 해결의 도구에 머무르지 않습니다. 예술을 창조하고 과학을 발전시키며, 삶을 더 풍요롭게 만드는 인간 고유의 능력으로 작동합니다. 창의성은 반복의 틀을 깨고 새로운 길을 그리며, 그 길을 직접 걸어갈 용기를 부여합니다. 이는 곧 의식과 무의식이 긴밀히 협력하여 이루어 내는 인간 정신의 역동적 작용이라 할 수 있습니다.

단절된 침묵일까

✦

밤이 깊어지고 의식이 꿈의 고요 속으로 잠길 때, 우리는 마치 어둠 속에 자신을 온전히 내맡기는 듯한 감각을 경험합니다. 그러나 그 어둠은 정말 아무것도 존재하지 않는 걸까요. 혹은 그 안에서 여전히 미세하게 깜박이는 존재의 등불이 남아 있는 것일까요.

현대 과학은 수면을 단순한 의식의 정지 상태로 보지 않습니다. 오히려 뇌는 수면 중에도 끊임없이 살아 움직이고 있습니다. 특히 렘수면 단계에서는 마치 깨어 있을 때처럼 뇌파가 요동칩니다. 이 시기의 우리는 꿈이라는 정교하고 감각적인 무대를 통해 억눌린 감정, 흩어진 기억 그리고 무의식의 상상력이 뒤섞인 신비로운 이야기를 엮어 냅니다. 그 이야기는 현실보다 더 생생하거나 기묘하며, 때로는 말할 수 없는 진실을 담고 있기도 합니다. 꿈은 단순한 환상이 아니라 내면 깊은 곳에서 나오는 상징적인 언어이자, 우리 존재를 보여 주는 또 다른 방식입니다.

반면, 꿈조차 떠오르지 않는 깊은 비렘수면 단계에서는 뇌의 활동이 현저히 느려지고 외부 자극에 대한 반응성도 거의 사라집니다. 많은 이들은 이 상태를 무의식이라 부르지만, 과연 우리의 의식이 완전히 사라진 것일까요. 과학자들은 최근, 깊이 잠든 동안에도 뇌가 특정 이름이나 소리에 미세하게 반응한다는 사실을 발견했습니다. 이는 잠든 듯 보여도 어딘가에서 자신을 느끼는 자각의 불씨가 완전히 사라지지 않았다는 것을 보여 줍니다. 즉, 우리가 잠든 동안에도 감각의 창은 완전히 닫히지 않고, 그 사이로 존재의 빛이 은은하게 스며드는 것입니다.

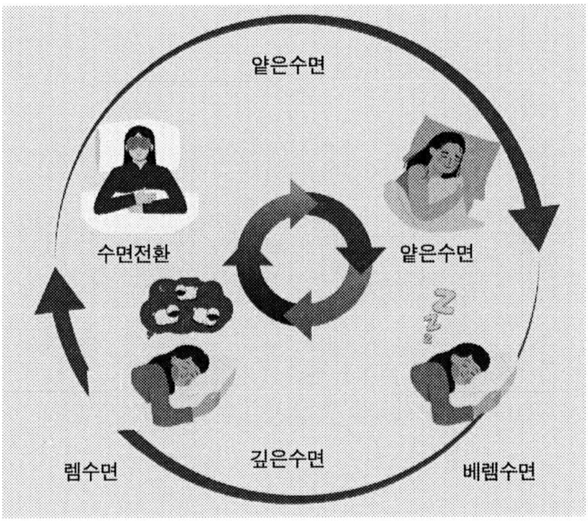

고대 인도의 철학, 특히 베단타 학파는 이 자각의 불씨를 오래전부터 이야기해 왔습니다. 그들은 꿈 없는 수면조차 순수한 의식의 자리라 여겼고, 감각과 사고를 초월한 존재의 자각이 그곳에 머문다고 주장했습니다. 즉, 우리가 아침에 눈을 뜨며 잘 잤다고 느낄 수 있는 이유도 바로 그 미세한 자각이 밤새 우리 안에 조용히 살아 있었기 때문입니다. 이 자각은 말로는 설명할 수 없지만, 존재의 깊은 곳에서 우리를 지탱해 주는 근본적인 느낌으로 작용합니다.

심리학적 관점에서 수면은 무의식과 의식이 교차하는 독특한 장입니다. 꿈은 깨어 있을 때 억눌리거나 배경으로 밀려난 심리적 요소들이 상징과 이야기의 형태로 떠오르는 과정이라 할 수 있습니다. 이런 관점에서 의식은 하나로 단정할 수 있는 것이 아니라, 여러 층과 깊이를 가진 흐름으로 이해할 수 있습니다. 실제로 우리는 깨어 있으면서도 모든 것을 자각하지 않으며, 많은 활동이 무의식 속에서 이루어집니다.

예컨대 자동차를 운전하며 깊은 생각에 잠기면서도 복잡한 교통 상황을 유연하게 처리하는 모습은 의식이 항상 전면에 있는 것이 아니라 배경에서 조용히 작동하고 있음을 보여 줍니다. 이러한 다층적 작동 방식은 수면 중 자각 가능성과도 자연스럽게 이어지며, 특히 꿈의 경험 속에서 더욱 분명히 드러납니다. 따라서 깨어 있음과 꿈꾸는 상태는 의식이 단순히 켜지고 꺼지는 두 개의 버튼이 아니라, 새벽의 빛이 밤에서 낮으로 스며들듯 부드럽게 이어지는 하나의 흐름으로 이해될 수 있습니다.

문화적으로 꿈은 단순한 생리 현상을 넘어, 인간이 세계와 자신을 이해하기 위한 심오한 상징과 메시지의 통로로 여겨져 왔습니다. 고대 그리스인들은 꿈을 신이 건네는 언어로 받아들였고, 중국 도교에서는 꿈을 통해 다른 차원의 세계를 유영할 수 있다고 믿었습니다. 티베트 불교의 꿈 요가는 꿈속에서도 자각을 유지하는 훈련을 통해, 잠든 순간마저 깨어 있는 의식의 장으로 확장하고자 했습니다. 이러한 전통들은 수면이 단순한 공백이나 단절이 아니라,

또 하나의 의식적 탐험이 될 수 있음을 보여 줍니다.

이처럼 꿈은 단순히 뇌가 만들어 내는 부산물이 아니라, 인간 존재의 깊은 곳에서 조용히 솟아오르는 메시지입니다. 때로는 말로 설명할 수 없는 감정과 기억을 비추고, 때로는 삶의 방향을 가리키는 은은한 나침반이 되어 우리 앞에 모습을 드러냅니다. 특히 자각몽은 꿈속에서 자신이 꿈꾸고 있음을 자각하는 상태로, 수면 중에도 자아와 의식의 고등 기능이 작동할 수 있음을 보여 주는 대표적인 사례입니다. 자각몽은 의식의 경계를 확장하며 깨어 있음과 잠듦 사이의 경계를 허물어뜨립니다. 이처럼 꿈이 현실처럼 생생해지고 그 안에서 우리가 스스로를 인식할 때, 우리는 의식이 결코 수면 속에 잠겨 있는 것이 아님을 직관적으로 깨닫게 됩니다.

결국 깨어 있음, 꿈꾸는 수면, 꿈 없는 깊은 수면, 몽상과 집중, 자동화된 행동 속의 무의식까지, 이 모든 상태는 의식이라는 하나의 강이 흐르며 만들어 내는 서로 다른 물결에 불과합니다. 수면은 의식이 끊기는 시간이 아니라, 오히려 가장 정제되고 본질에 가까운 형태로 의식이 또 다른 얼굴을 드러내는 시간입니다. 우리가 깨어 있을 때, 꿈을 꿀 때, 심지어 꿈조차 꾸지 않는 순간에도 의식은 결코 완전히 사라지지 않으며, 다만 흐름과 결을 달리하며 존재할 뿐입니다.

조용한 어둠의 문턱에서

♦

수술실은 하얀빛이 번지는 차가운 공간입니다. 마취 주사를 맞는 순간, 깨어 있으려는 의지를 펼쳐 보기도 전에 우리는 조용한 어둠 속으로 미끄러져 들어갑니다. 그 과정은 폭력적이지도, 극적이지도 않습니다. 오히려 새벽안개가 천천히 스며들 듯, 고요하고 은밀하게 다가옵니다. 감각의 끝자락은 서서히 희미해집니다. 피부를 스치던 미세한 바람의 흔적은 끊기고, 근육은 풀리며, 몸은 마치 스스로를 내려놓는 듯 무력해집니다. 그와 함께 마음도, 생각도 하나씩 닫히며 조용히 가라앉습니다. 이 어둠은 단순한 잠이 아니라, 삶의 근본을 비추는 것처럼 다가옵니다.

의식이 꺼지는 그 짧은 순간은 삶과 죽음의 경계, 혹은 수면과 각성 사이의 틈새를 엿보는 듯한 감각을 남깁니다. 그곳에는 약간의 공포가 스며 있지만, 동시에 기묘한 평화도 함께 존재합니다. 우리는 깨어 있을 때 삶을 붙잡고 지키려 애쓰지만, 어쩌면 손에서 흘려보내는 그 순간에야 비로소 가장 깊은 평화를 마주하게 되는지도 모릅니다.

의식이 꺼지는 순간은 우리가 생각하는 것보다 훨씬 더 복잡한 변화의 시작입니다. 그 순간에도 뇌는 완전히 멈추지 않고 조용히 활동을 이어 갑니다. 우리가 잃는 것은 단순히 빛과 소리가 아니라 자아의 감각과 주변 세계와의 연결입니다. 그러나 그 어둠 속에서도 새로운 흐름은 시작됩니다.

우리가 눈을 감고 감각이 사라지며 의식이 어둠 속으로 가라앉을 때, 그 배후에서는 고도로 정밀한 생화학적 합주가 이루어지고 있습니다. 뇌에 있는 뉴런들은 멈추지 않고 서로 신호를 주고받으며, 억제와 흥분 사이의 미묘한 균형 속에서 마취 상태를 유지합니다.

전신 마취가 뇌에 미치는 변화는 매우 복합적입니다. 마취제는 각성을 유지하는 기능을 억제해, 뇌의 여러 영역 간 정상적인 신경 통신을 방해합니다. 이러한 변화의 중심에는 신경전달물질이 있습니다. 마취와 각성 그리고 의식의 전환을 조절하는 주요 신경전달물질로는 GABA, 글루탐산, 도파민, 아세틸콜린, 세로토닌, 노르에피네프린 등이 있습니다.

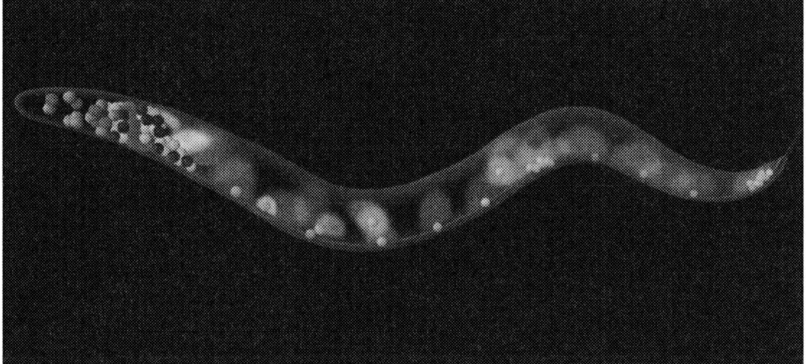

대부분의 전신 마취제는 억제성 신경전달물질인 GABA의 작용을 강화해 뇌 활동을 억제하는 수용체를 활성화하거나 중추신경계의 주요 흥분성 신경전달물질인 글루탐산의 작용을 억제합니다. 이러한 복잡한 작동 원리를 이해하는 데 놀라운 도움을 주는 생물이 있습니다. 바로 길이 1밀리미터 남짓한 투명한 선충, 꼬마 선충입니다.

꼬마 선충은 신경세포가 302개에 불과하지만, 인간과 유사한 신경전달물질 체계를 갖추고 있어 신경과학 연구에 유용한 모델로 활용됩니다. 과학자들은 이 작은 생물에 다양한 마취제를 투여하고 행동 변화를 관찰합니다. 특정 유전자를 제거했을 때 마취에 더 민감해지거나 둔감해지는 반응은, 그 유전자가 마취 작용에 어떤 역할을 하는지를 알려주는 중요한 단서가 됩니다. 이렇게 미세한 존재가 인간 의식의 비밀을 푸는 열쇠가 될 수 있다는 사실은 경이롭습니다.

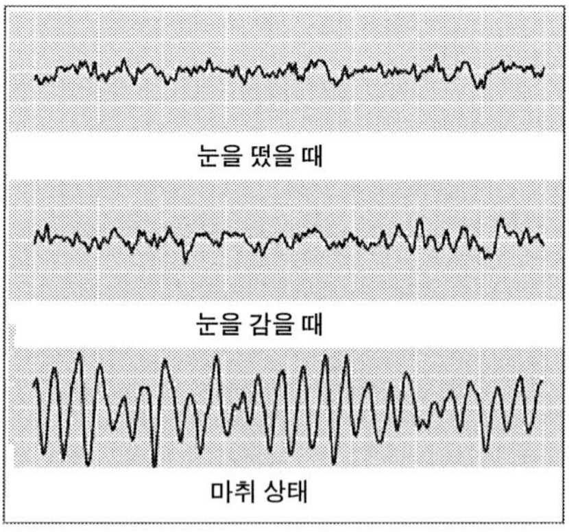

이러한 연구는 곧 인간의 뇌로 시선을 옮기게 합니다. 실제로 마취 상태에서 뇌파(EEG)를 관찰하면, 뇌는 꺼진 것이 아니라 역동적으로 진동하며 작동하고 있음을 알 수 있습니다. 즉, 뇌는 완전히 정지한 것이 아니라 다른 방식으로 깨어 있는 것입니다.

결국 마취 상태에서도 우리는 마치 어두운 길을 걷는 사람처럼, 희미한 감각과 흐릿한 기억을 따라 조금씩 앞으로 나아갑니다. 어쩌면 가장 본질적인 자아는 깨어 있을 때가 아니라, 이 어둠을 지나며 드러나는 것일지도 모릅니다. 의식이 사라지는 것 같은 순간에도 우리는 여전히 존재하며, 그 안에서 또 다른 형태의 경험이 이어지고 있습니다. 어쩌면 의식은 거대한 불꽃이 아니라 바람에도 흔들리는 연약한 성냥불에 더 가까울지도 모릅니다. 꺼진 줄 알았던 순간에도, 작은 불씨처럼 존재는 남아 있을 수 있습니다.

의식의 회복

✦

눈을 뜨기 전, 그는 이미 세상의 경계에서 서성이고 있었습니다. 깊은 물속에서 천천히 부상하듯 어둠은 조금씩 열어져 갔습니다. 처음에는 단순한 소음, 전혀 구별되지 않는 파도 같은 웅성거림이 귀를 스쳤습니다. 그것은 바람인지, 기계의 소리인지 알 수 없는 흐릿한 울림이었습니다.

이어 몸의 감각이 돌아왔습니다. 손끝은 무겁게 매달린 듯했고, 가슴은 오르내리며 공기를 채우고 비우고 있었습니다. 그러나 그것은 스스로 하는 호흡이라기보다, 누군가 대신 불어넣어 주는 바람처럼 느껴졌습니다.

곧 빛이 들어왔습니다. 처음에는 단순한 흰색 얼룩이었고, 눈꺼풀 안쪽에 번지는 무채색의 불빛은 그저 밝음과 어둠의 교차일 뿐이었습니다. 시간이 흐르자, 그 빛은 형태를 띠기 시작했고, 희미한 그림자가 겹치며 윤곽을 이루었습니다.

생각이 뒤따라왔습니다. "여기가 어디지?"라는 질문은 명료했지만, 대답은 미끄러지듯 흘러갔습니다. 기억의 단편은 손에서 흘러

내리는 모래처럼 잡히지 않았습니다.

마지막으로 세상이 그를 불러냈습니다. 희미한 목소리가 다가와 이름을 부르는 순간, 그는 비로소 자신이 존재한다는 사실을 깨달았습니다. 그 순간 파편 같던 감각, 빛, 소리, 생각이 하나로 모이며 의식이 완성되었습니다. 마치 깊은 강 저편에서 천천히 돌아오는 것처럼 그는 다시 세상에 있었습니다.

이처럼 마취에서 깨어나는 과정은 단순히 스위치가 켜졌다 꺼지는 식의 이분법적 현상이 아닙니다. 오히려 뇌의 여러 영역이 정교하게 조율되며 순차적으로 깨어나는, 복합적이고 단계적인 회복 과정에 가깝습니다.

의식이 회복되는 과정은 척수와 대뇌를 연결하는 뇌간에서 시작됩니다. 뇌간은 호흡과 심장 박동 같은 생명 유지 기능을 담당할 뿐 아니라 수면과 각성을 조절하는 핵심 부위이기도 합니다. 그래서 이곳이 가장 먼저 깨어나는 것입니다. 이 단계에서 인간은 외부 자극에 반응할 수 있지만, 그 반응은 아직 단순한 반사 수준에 머물러 있습니다.

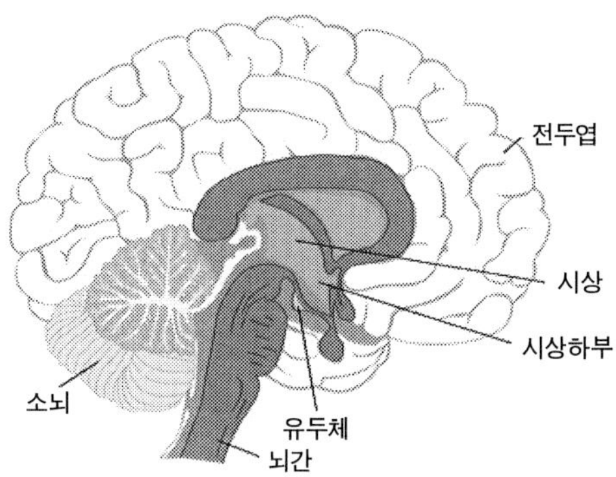

다음으로 활동을 재개하는 부위는 시상입니다. 시상은 후각을 제외한 대부분의 감각 정보를 대뇌피질로 전달하는 중계 역할을 합니다. 이 단계부터 외부 자극을 보다 풍부하게 인식할 수 있으며, 눈을 뜨거나 손가락을 움직이는 등 기본적인 반응이 가능해집니다. 다만 그 자극이 무엇을 의미하는지는 아직 판단할 수 없습니다.

청각은 비교적 빠르게 회복되는 감각 중 하나입니다. 따라서 누군가 이름을 불러도 뇌파는 반응하지만, 그것이 내 이름이라는 의미로 완전히 이해되기까지는 시간이 더 걸립니다.

마지막으로 깨어나는 영역은 전두엽, 특히 전전두엽입니다. 이 부위는 의사 결정, 자기 인식, 추론, 판단, 감정 조절, 기억 인출 등 고차원적인 인지 기능을 담당합니다. 그래서 마취에서 막 깨어날 때 사람들은 종종 멍한 눈빛으로 주변을 바라보다가 간단한 지시에 반응하고, 이후 점차 내가 누구인지, 지금이 언제인지, 여기가 어디인지 등을 깨닫게 됩니다. 바로 이 단계에서 나라는 자각이 비로소 회복되는 것입니다

그런데 최근 연구 결과는 이러한 전통적인 설명에 의미 있는 질문을 던지고 있습니다. 미시간대학교 연구팀은 성인 30명을 대상으로 약 3시간 동안 전신 마취를 시행한 뒤, 뇌파 검사와 인지 테스트를 통해 회복 과정을 정밀하게 추적했습니다. 놀랍게도 가장 먼저 회복된 기능은 단순한 감각이나 반사 반응이 아니라 추상적인 문제 해결 능력이었습니다. 즉, 퍼즐이나 논리 게임 같은 고차원적 인지 기능이 반응 속도나 주의 집중 같은 기본 기능보다 앞서 회복된 것입니다.

연구진은 이를 진화적 생존 전략의 결과로 해석했습니다. 갑작스

럽게 의식을 되찾은 생명체가 포식자나 재난 상황에 놓였다면, 주변을 빠르게 판단하고 대응을 계획할 수 있는 전전두엽의 빠른 회복이 생존에 유리했을 것이라고 설명합니다. 실제로 뇌파 분석에서도 전두엽은 회복 초기부터 활발한 활동을 보였습니다. 그리고 마취 후 약 3시간이 지나자, 참가자들은 마치 아무 일도 없었던 것처럼 마취 이전과 거의 같은 수준의 인지 기능을 회복했습니다.

이러한 발견은 기존의 하위 기능부터 순차적으로 회복된다는 이론에 의문을 제기합니다. 즉, 뇌는 생존에 필요한 기능부터 유연하게 회복할 수 있도록 진화했을 가능성이 크다는 것입니다.

결국 의식의 회복은 전등 스위치를 켜듯 한순간에 이루어지는 일이 아닙니다. 오히려 연극 무대의 조명이 하나씩 밝혀지며 장면이 서서히 드러나듯, 의식은 천천히, 단계적으로 되돌아옵니다. 뇌의 여러 영역이 조용히 깨어나 서로 협력하는 그 과정 속에서 우리는 비로소 나라는 감각을 다시 찾게 됩니다.

이 모습을 바라보면 의식이 얼마나 정교하고 섬세한 작용인지 새삼 느끼게 됩니다. 그래서 의식의 회복은 단순한 몸의 회복을 넘어섭니다. 그것은 나라는 존재가 다시 모습을 드러내는 순간이며, 내가 다시 세계 속에 서게 되는 하나의 작은 기적이라 할 수 있습니다.

지각은 복합적 상호 작용의 산물

✦

최근 수십 년간 정신과 물질의 관계, 의식의 본질, 자유의지의 가능성과 같은 철학의 오래된 질문들은, 마치 익숙한 강줄기를 벗어나 새로운 지형을 향해 굽이쳐 흐르듯 커다란 변화를 겪어 왔습니다. 과거에는 의식을 외부 자극에 대한 반응, 즉 자극에 따라 자동으로 작동하는 생물학적 기계의 산물로 이해하는 관점이 지배적이었습니다.

그러나 이러한 기계론적 모델은 인간 정신의 복잡성과 섬세함을 설명하기에는 지나치게 협소한 틀이라는 인식이 점차 확산되었습니다. 그 결과, 의식은 단순한 반응의 집합이 아니라, 보다 복합적이고 정교한 인지 구조로써 새롭게 조명되기 시작했습니다. 이러한 변화는 단순한 이론의 수정이 아니라 인간 존재에 대한 이해의 지평을 확장하는 철학적 변화라고 할 수 있습니다.

이제 의식은 외부 자극에 수동적으로 반응하는 수신기가 아니라 내적 상태와 외부 환경을 함께 해석하고 조율하는 능동적 정보 처리 시스템으로 이해됩니다. 그것은 흩어진 감각을 하나로 모아 의미의 길을 만들고, 기억과 감정, 사고가 서로 어긋나지 않도록 이끄는 중심축입니다.

이러한 변화 속에서 의식을 설명하는 두 가지 대표적인 시각이 특히 주목받고 있습니다. 하나는 의식을 뇌의 반사적 활동으로 해석하는 관점이며, 다른 하나는 뇌의 내재적 활동으로 이해하는 관점입니다.

먼저 뇌의 반사적 활동에 주목하는 시각은 뇌가 주로 외부 자극에 의해 작동한다는 가정에 기반합니다. 대표적인 학자인 셰링턴은 의식 이후에 나타나는 움직임과 행동을 일련의 반사 반응으로 이해하며, 뇌를 환경의 요구에 즉각 반응하는 정교한 반사 시스템으로 보았습니다. 이러한 관점은 실험실 환경에서 통제된 자극에 대한 뇌 반응을 정밀하게 측정하는 데 적합하여, 여러 과학 분야의 발전을 이끌었습니다. 특히 자극을 세밀하게 조작할 수 있다는 점에서 과학적 탐구에 유리한 조건을 제공해 왔습니다.

이 관점은 행동주의 심리학의 이론적 틀과도 맞닿아 있으며, 인간 행동을 외부 자극에 대한 단순한 반응으로 설명하려는 경향을 강화했습니다. 그러나 이러한 접근은 창의성, 자율성, 자기 성찰과 같은 고차원적 정신 활동을 설명하는 데에는 분명한 한계를 드러냈습니다.

반면, 뇌의 내재적 활동에 주목하는 시각은 뇌가 단순히 외부 자극에 반응하는 것을 넘어 자율적인 해석과 능동적 대응, 나아가 미래를 예측하는 방식으로 작동한다고 강조합니다. 이는 셰링턴의 제자인 브라운이 지지한 입장이기도 하며, 오늘날 뇌과학에서 가장 설득력 있게 받아들여지는 견해 중 하나입니다.

이 관점에서 뇌는 외부 감각 정보를 수동적으로 받아들이는 기관이 아니라, 스스로 활성화되며 감각 정보와 복합적으로 상호 작용하는 능동적 주체입니다. 즉, 뇌는 단순히 세상을 비추는 거울이 아니라 세계를 구성하는 하나의 내면적 무대라고 할 수 있습니다.

이를 뒷받침하는 중요한 근거 가운데 하나는 뇌의 에너지 소비 패턴입니다. 평균적인 성인의 뇌는 전체 체중의 약 2%에 불과하지만, 전체 에너지 소비의 약 20%를 차지합니다. 이는 단순한 체중 비율로 예상되는 수치보다 약 열 배나 높은 수준입니다. 더욱 흥미로운 점은, 뇌가 특정 과제에 집중하더라도 에너지 소비는 평균보다 약 5% 정도만 증가한다는 사실입니다. 이는 뇌가 외부 자극에 대한 반응보다도, 기본적인 내재적 활동에 훨씬 더 많은 에너지를 사용하고 있음을 시사합니다.

이러한 사실을 고려하면, 우리가 지각하는 세계는 감각 기관을 통해 들어온 외부 정보에 일부 의존하지만, 그보다 훨씬 큰 부분은 뇌 안에서 자율적으로 진행되는 내재적 활동에 의해 구성된다고 볼 수 있습니다. 이 내재적 활동은 단순한 과거의 재현이 아니라 새로운 상황에 대한 예측과 시뮬레이션 그리고 의미를 구성하는 과정으로 이해할 수 있습니다.

그렇다면 이처럼 막대한 에너지를 소모하는 뇌의 내재적 활동은 무엇을 위해 존재하는 것일까요. 연구에 따르면, 뇌 에너지의 상당 부분은 대뇌피질의 뉴런과 이들의 기능을 돕는 신경교세포를 유지하는 데 사용되는 것으로 나타났습니다. 예를 들어 쥐의 경우, 뇌 에너지의 약 75%가 이러한 유지 활동에 쓰이며, 나머지가 신경 신호 전달에 사용됩니다.

인간의 뇌 또한 유사한 양상을 보입니다. 특히 신경 신호 전달 과정에서는 뉴런 사이의 미세한 틈인 시냅스에서 에너지 소비가 집중적으로 이루어집니다. 이곳에서는 나트륨과 칼륨 이온이 활발히 교환되며 전기적 신호가 생성됩니다. 이러한 이온의 이동은 신경 전달의 핵심으로, 복잡하고 정교한 뇌 회로가 정상적으로 작동하는 데 필수적인 과정입니다.

결국 의식은 외부 자극에 단순히 반응한 결과가 아니라 이미 뇌 안에서 끊임없이 작동하는 내재적 시스템과 외부 정보가 맞닿으며 만들어지는 복합적 상호 작용의 산물입니다. 이런 관점에서 의식은 고정된 상태가 아니라, 새로운 의미와 독창적인 결과를 만들어내는 과정입니다. 우리가 경험하는 감정, 사고, 상상은 기존 정보를 단순히 분석하거나 복제한 결과가 아니라, 뇌가 능동적으로 조합하고 변형하여 구성한 하나의 해석이라고 할 수 있습니다.

자아는 실체가 아닌 환상

♦

1930년대 대부분 과학자는 물질세계를 원자와 전자의 움직임으로 설명하려 했습니다. 그러나 양자역학의 등장은 이러한 확실성을 근본부터 뒤흔들었습니다. 양자역학에 따르면, 입자는 관찰되기 전까지 확률적 파동 상태로 존재하며, 관찰 행위 자체가 파동 함수를 특정 상태로 붕괴시켜 입자적 성질을 드러낸다고 합니다.

양자역학 성립에 핵심적으로 기여한 물리학자 플랑크는 1931년, 조용하지만 깊은 울림을 주는 한마디를 남겼습니다.

> "나는 의식을 근본적인 것으로 간주한다. 물질은 의식에서 파생된 것으로 본다."

플랑크의 말은 단순한 철학적 의견을 넘어 현대 과학과 의식 연구 사이의 복잡한 관계를 탐구하도록 이끌었습니다. 그의 발언은 과학적 선언이라기보다, 과학이 열어젖힌 낯선 세계에 대한 철학적 직관에 가까웠습니다. 이후 의식을 둘러싼 수많은 논쟁의 불씨가 되었고, 오늘날에도 여전히 강한 울림을 지니고 있습니다.

예를 들어, 화학물질이 담긴 플라스크 같은 물리적 시스템을 연구할 때, 우리는 관찰자의 시점에서 보이는 물질적 측면뿐 아니라 관찰자에게 드러나지 않는 정신적 차원이나 경험적 차원도 존재할 수 있다고 상상할 수 있습니다.

물론 과학계는 물질이 의식에서 갈라져 나와 새로 생겨난 것이라는 주장에 신중한 태도를 보입니다. 하지만 의식이 물리적 세계와 어떻게 연결되는지는 여전히 중요한 연구 주제로 남아 있습니다. 의식 연구는 뇌를 넘어 존재의 본질을 묻는 철학적 질문으로 확장됩니다. 의식은 단순한 정보 처리의 결과일까요, 아니면 그 자체로 우주적 실재의 일부일까요.

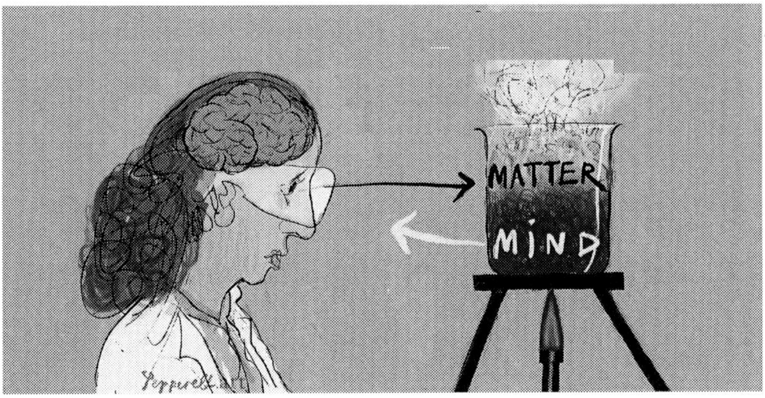

의식을 탐구하는 주요 방법에는 명상과 같은 인지적 훈련이나 환각제 투여와 같은 약리학적 개입이 있습니다. 그러나 좋은 책에 완전히 몰입했을 때의 경험, 명상 중 우주와 하나가 된 듯한 감각, 수

면 부족으로 인한 비현실적 상태 등도 모두 의식의 중심을 탐색하는 방식이라고 볼 수 있습니다. 이런 경험들은 나라는 자아가 일시적으로 사라지는 현상을 보여 주기도 하는데, 환각제를 통해서도 비슷한 경험이 나타납니다. 이 경험들은 우리가 당연하게 여겨 온 자아의 개념에 근본적 의문을 던집니다.

우리는 자아를 고정된 실체로 믿기 때문에, 그 소멸을 육체적 죽음과 비슷한 것으로 오해하곤 합니다. 그러나 현대 과학과 의식 연구는 플랑크의 통찰을 다른 방식으로 뒷받침합니다. 뇌는 끊임없이 감각 정보를 통합하며, 그 순간순간의 경험을 나라는 이야기로 엮어 냅니다. 이런 관점에서 자아는 독립된 실체가 아니라 뇌가 만들어 낸 하나의 모델일 뿐입니다. 즉, 자아란 사고, 기억, 감각 입력이 통합되며 일시적으로 형성되는 하나의 현상인 셈입니다.

실제로 환각제 연구에서, 피험자들은 자아가 사라진 순간 공포보다는 깊은 안도감을 경험했다고 보고합니다. 자아는 사라졌지만, 여전히 의식적 경험은 존재했기 때문입니다. 또한 명상과 다양한 정신 훈련은 자아가 실체가 아니라는 점을 체험하게 하며, 그로 인해 고통에서 벗어날 여지를 넓혀 줍니다. 즉, 자아와 의식은 동일하지 않으며, 자아 없이도 의식은 유지될 수 있습니다.

결국 우리가 나라고 느끼는 감각은 생각이 만들어 낸 산물이며, 그 생각조차 의식 속을 흐르는 하나의 물결일 뿐입니다. 우리의 눈이나 뇌 어디에도 고정된 자아는 존재하지 않습니다. 자아를 환상으로 보는 관점은 인간이 느끼는 고통의 근원을 이해하고 완화하는 데 중요한 단서를 제공합니다.

자아가 고정된 실체가 아니라면, 우리는 과거의 상처나 미래의 불안에 덜 얽매일 수 있습니다. 나라는 존재가 끊임없이 변화하는 흐름 속 한순간이라면, 그 흐름을 더 유연하게 받아들이고 고통을 덜어 내는 지혜를 얻을 수 있습니다. 이러한 통찰은 자연스럽게 의식에 대한 질문으로 이어집니다.

의식은 단순한 생리적 현상이 아닙니다. 그것은 마치 양자역학의 확률적 파동처럼, 존재의 구조와 질서가 맞닿아 있는 가장 깊은 층위에서 펼쳐지는 신비에 가깝습니다. 우리가 자아라고 부르는 것은 그 심연 위에 잠시 일렁이는 하나의 파도에 불과할지도 모릅니다. 그리고 플랑크의 말처럼 물질이 의식에서 파생되었다면, 우리가 살아가는 이 세계 또한 의식의 반영일 수 있습니다. 이런 관점에서 보면 의식은 단순히 자아를 담는 그릇이 아니라, 자아라는 이름으로 우리를 끊임없이 새롭게 빚어내는 근원이라 할 수 있습니다.

단순한 물질의 산물일까

✦

의식이라는 단어는 우리 일상에서 너무 자연스럽게 사용되어, 거의 무의식적으로 받아들여집니다. '의식을 잃었다', '의식이 있다', '의식적으로 행동한다'와 같은 표현은 흔하지만, 우리는 이 단어가 담고 있는 의미를 깊이 생각하지 않고 마치 늘 곁에 있어 그 존재를 의식하지 않는 공기처럼 이 말을 당연한 듯 받아들이고 살아갑니다.

그러나 이 단어를 깊이 들여다보면 의식은 단순히 자극에 대한 인식이나 반응 이상의 것임을 알 수 있습니다. 그것은 단편적인 정신 작용을 넘어 감각과 사고, 기억과 감정이 교차하며 통합되는 복잡한 경험이며, 우리가 나라는 존재로 세상과 관계를 맺는 가장 근본적인 방식입니다.

예를 들어, 누군가를 바라보고 그 존재를 알아차리는 순간, 발밑 풀잎의 살갗을 간질이는 감촉, 이마를 스치는 바람의 미묘한 떨림, 문득 마음속을 스치는 어떤 느낌까지, 이 모든 것은 단순한 자극이 아니라 나라는 존재 안에서 하나의 경험으로 엮여 해석됩니다. 의식은 이렇게 외부 세계의 신호를 모아 의미 있는 경험으로 바꾸는 통로입니다.

또한 의식은 끊임없이 변화하며, 마치 파도처럼 우리 존재의 해안에 밀려와 흔적을 남깁니다. 때로는 이유 없이 머릿속을 맴도는 멜로디처럼 불현듯 떠오르고, 때로는 진한 에스프레소처럼 선명하게, 혹은 은은한 향처럼 서서히 스며듭니다. 어떤 날은 치통처럼 둔중한 고통으로 다가오고, 또 어떤 순간에는 사랑하는 사람을 마주했을 때 심장이 터질 듯한 감정으로 우리를 사로잡습니다. 이처럼 의식은 감각과 감정, 기억과 상상, 고통과 기쁨이 뒤섞여 흐르는 역동적인 과정이며, 우리 존재를 이루는 핵심적인 흐름입니다.

하지만 의식이 항상 달콤하거나 따뜻한 순간만을 담아내는 것은 아닙니다. 우리는 언젠가 모든 기쁨이 사라지고, 모든 감정이 옅어지리라는 사실을 알고 있습니다. 이러한 인식, 즉 삶의 무상함과 덧없음에 대한 자각조차 의식의 일부입니다. 의식은 외부 세계의 풍경을 담는 카메라라기보다는 우리 내면의 풍경을 비추는 거울입니다. 눈으로 보는 장면과 귀로 듣는 소리뿐 아니라 가슴속에서 번지는 불안의 그림자, 문득 스치는 따뜻한 기억과 같은 감각까지, 의식은 외부를 향한 창이자 동시에 내면을 향한 문입니다.

이처럼 의식은 단순한 생물학적 기능을 넘어 깊이를 가늠할 수 없을 정도로 심오하며, 인간 존재의 본질을 이루는 핵심 요소입니다. 의식을 탐구할 때, 우리는 곧바로 그 본질과 몸의 관계에 대한 물음과 마주하게 됩니다. 의식은 단순히 뇌라는 기관의 부산물일까요, 아니면 그것을 초월하는 무엇일까요? 이 질문은 철학에서 오래도록 논의되어 온 의식과 몸의 관계, 즉 의식과 몸 문제로 이어집니다.

이 문제의 기원은 고대 그리스 철학까지 거슬러 올라갑니다. 플라톤의 대화편 『파이돈』에서 감옥에 갇힌 소크라테스는 자신의 죽음을 앞두고 육체와 영혼의 관계에 대해 깊은 논의를 펼칩니다. 그는 의식을 영혼의 작용으로 보고, 육체와는 별개의 실체로 이해했습니다. 그의 주장에 따르면 의식은 몸보다 우월하며, 죽음 이후에도 독립적으로 존재할 수 있는 불멸의 실체입니다. 이러한 견해는 의식을 물질과 구별되는 고유하고 독립적인 실체로 보는 이원론의 기초가 되었습니다.

17세기 근대 철학에서도 이원론은 중요한 주제였습니다. 특히 데카르트는 『제1 철학에 관한 성찰』에서 "나는 생각한다, 고로 존재한다"라는 명제로 인간 존재의 본질을 의식에 두고, 몸은 공간에 존재하는 확장된 실체, 의식은 비물질적 실체로 구분했습니다. 데카르트에 따르면, 몸은 공간에 존재하는 확장된 실체이며, 의식은 공간적 속성을 갖지 않는 비물질적 실체입니다. 따라서 그는 의식과 몸 사이의 근본적인 이질성을 강조하며 이원론의 대표자로 자리매김했습니다.

그러나 데카르트와 달리, 라이프니츠는 한 종류의 실체만 존재한다고 주장했습니다. 그는 모든 존재를 모나드라는 비물질적 단위로 설명하면서, 의식과 몸의 작용이 서로 평행하게 일어난다고 보았습니다. 결국 의식과 몸은 동일한 실체의 두 표현일 뿐이라는 그의 주장은 일원론으로 분류됩니다.

존 로크 또한 의식을 경험을 통한 자각으로 이해했습니다. 그는 인간의 모든 인식이 경험에서 비롯된다고 보았으며, 이러한 경험은 몸을 통해서 가능하다고 주장했습니다. 로크에 따르면 의식은 몸의 감각과 작용에 근거한 반응이므로, 그의 입장 역시 일원론적 전제를 바탕으로 합니다.

이러한 논의는 시간이 흐르면서 점점 정교해졌고, 20세기 이후에는 세상의 모든 것이 물리적인 것에 불과하다는 물리주의로 구체화하였습니다. 물리주의는 인간의 의식 역시 뇌의 물리적·생물학적 작용의 산물이라는 전제를 바탕으로, 의식을 과학적으로 이해하려는 시도로 이어졌습니다. 과학은 이를 통해 의식의 구조와 작동 원리를 분석하며, 인간 존재의 신비를 밝히고자 합니다.

그럼에도 불구하고 "의식은 단순한 물질의 산물인가?"라는 질문은 여전히 철학과 과학의 경계에서 깊은 사고를 요구하는 미해결 과제로 남아 있습니다. 뇌의 어느 부분에서, 어떤 방식으로 '나'라는 의식이 생겨나는지 그리고 그것이 단순히 뉴런의 상호 작용으로 설명될 수 있는지에 대한 탐구는 인간 존재의 본질을 이해하는 가장 근본적이고 중요한 문제입니다.

설명 바깥에 머무는 수수께끼일까

✦

우리는 하루에도 몇 번씩 의식이라는 말을 아무렇지도 않게 사용합니다. 무언가를 인식하고, 감지하고, 느끼는 그 모든 과정을 너무나도 자연스럽게 받아들이며, 마치 숨 쉬는 것처럼 당연하게 여깁니다. 그러나 조금만 멈춰서 생각해 보면, 이런 질문과 마주하게 됩니다. 의식이란 과연 무엇일까. 우리가 보고, 듣고, 느끼는 모든 경험을 묶는 실체인가. 아니면 단순히 외부 자극에 반응하는 생물학적 시스템의 작동일 뿐인가. 아니면 더 나아가, 그 너머에 존재하는 더 깊은 체험의 차원일까.

현대 철학자 네이글은 그의 대표적 에세이 『박쥐가 되는 것은 어떤 것인가』에서 이러한 물음을 본격적으로 제기합니다. 그는 의식의 본질을 탐구하는 데 있어, 객관적인 정보만으로는 결코 도달할 수 없는 어떤 주관성의 벽이 존재한다고 주장하였습니다. 네이글은 박쥐에 대해 우리가 아무리 많은 지식을 가지고 있더라도 예컨대 초음파를 감지하는 방식, 날갯짓의 메커니즘, 뇌의 반응 패턴 등을 안다고 하더라도, 실제로 박쥐가 되는 것이 어떤 느낌인지는 결코 알 수 없다고 합니다.

즉, 의식적 경험이란 본질적으로 주관적이어서, 오직 그 안에서 살아가는 존재만이 온전히 접할 수 있는 내면의 차원일 것입니다. 우리는 박쥐의 날갯짓을 연구할 수 있고, 초음파로 공간을 읽는 그들의 감각 체계를 설명할 수도 있습니다. 그러나 아무리 정밀한 과학적인 근거와 논리를 충분히 제시하더라도 어둠 속에서 소리를 느끼며 날아오르는 그 감각, 즉 박쥐가 되는 것의 체험은 인간의 인식 너머에 머물러 있습니다. 그것은 마치 투명한 벽 너머에 있는 풍경처럼 보이지만 닿을 수 없는 영역입니다.

의식은 바로 그 벽에서 우리에게 질문을 던집니다. "네가 안다고 말하는 것은 진정 아는 것인가." 이 질문은 단순한 인식의 문제가 아니라, 존재의 본질에 대한 물음입니다. 결국 의식이란, 객관적 설명이 닿지 못하는 가장 내밀한 체험의 영역이며, 존재가 자신을 느끼는 그 신비로운 순간일지도 모릅니다.

고대 철학자 플라톤은 이 주관성과 인식의 한계를 동굴의 우화라는 상징적인 이야기로 풀어냈습니다. 그는 인간의 지각이 얼마나 제한적인지를 설명하기 위해 동굴 속에 갇힌 사람들을 상상합니다. 이들은 손과 발이 묶여 있을 뿐 아니라, 고개조차 돌릴 수 없어서 눈앞 벽에 비친 그림자만을 바라보며 살아갑니다. 그들 뒤에서는 거대한 불꽃이 타오르고, 그 사이로 물체들이 지나가면서 그림자가 만들어집니다. 이 동굴 안의 사람들은 그림자밖에 본 적이 없으므로, 그것이 실재라고 착각합니다.

플라톤은 이 이야기를 통해 인간의 의식이 얼마나 왜곡된 현실에 의존하는지 보여 주고, 진짜 지식은 단순히 눈으로 보는 것이 아니라 이성을 통해 얻어야 한다고 강조했습니다. 그에게 의식은 우리가 일상에서 경험하는 물질 세계를 넘어 본질적 진리와 이상적 개념이 존재하는 형태의 세계로 가는 열쇠였습니다. 예를 들어, 우리가 보는 나무는 자라고 시들며 언젠가는 사라지지만, 나무라는 형태 자체는 변하지 않고 영원히 존재합니다. 그래서 플라톤에게 의식은 단순히 생각하는 능력이 아니라, 더 깊은 세계와 연결되는 통로였습니다.

반면, 그의 제자 아리스토텔레스는 보다 현실적이고 구체적인 시선으로 의식을 바라보았습니다. 그는 플라톤의 초월적 형태론을 비판하며, 모든 사물은 형상과 물질로 이루어진다고 주장했습니다. 이를 쉽게 설명하기 위해 그는 도끼를 예로 들었습니다.

> "만약 도끼가 살아 있는 존재라면, 도끼의 몸체는 물질이고, 도끼를 도끼답게 만드는 것은 자르는 능력, 즉 형상입니다. 이 능력을

잃으면, 도끼는 단순한 금속 덩어리에 불과합니다. 의식도 마찬가지입니다. 단순히 존재하는 것을 살아 있는 존재로 만드는 고유한 작용입니다."

또한, 아리스토텔레스는 생명체를 의식의 단계에 따라 위계적으로 구분했습니다. 그의 분류에 따르면 식물은 영양을 섭취하고 자라나는 생명력을 지니며, 동물은 감각과 욕망을 갖추고 있고, 인간은 이성과 사고 능력을 지녀 가장 높은 존재로 간주합니다. 특히 그는 인간의 이성을 단순한 논리적 사고를 넘어, 세계의 원리를 통찰하고 진리를 인식하는 능력으로 보았습니다. 이후 철학은 신학과 결합하면서, 의식을 보다 내면적이고 영적인 차원에서 탐구하게 되었습니다.

초기 기독교 사상을 대표하는 철학자이자 신학자인 아우구스티누스는 의식을 신성과의 연결로 이해했습니다. 그는 물질세계를 일시적이고 불완전한 것으로 간주했으며, 참된 객관적 이해는 외부세계가 아닌 내면의 자각에서 비롯된다고 믿었습니다. 그에게 의식은 단순한 인지 능력을 넘어, 영혼 깊은 곳에서 신의 빛을 인식하는 능력, 곧 신성과 접속하는 문이었습니다.

아우구스티누스는 "내가 존재한다"라는 자각에서 의식의 출발점을 찾았으며, 이는 데카르트의 "나는 생각한다, 고로 존재한다"라는 명제를 연상시킵니다. 의식의 근원이 외부가 아니라 자기 자신의 자각에 있다는 그의 생각은, 중세 신학과 근대 철학을 잇는 가교 역할을 했습니다.

이처럼 플라톤, 아리스토텔레스, 아우구스티누스와 같은 초기 철학자들은 각기 다른 방식으로 의식에 접근해 왔습니다. 그들은 때로 의식을 초월적 진리와 연결된 고귀한 능력으로 보았고, 때로는 생명체를 생명체답게 만드는 고유한 작용으로 이해했으며, 때로는 신에 이르는 영적 통로로 간주했습니다. 이들의 관점은 서로 다르지만, 모두 공통적으로 의식을 존재의 핵심에 놓았습니다.

오늘날에도 의식에 대한 정의는 여전히 명확하게 규정되지 않습니다. 과학의 발전으로 인해 많은 것이 밝혀졌다고는 하나, 여전히 의식은 과학의 설명 바깥에 머무는 부분이 있습니다. 그것은 분명 존재하지만 정의하려 할수록 모호해지고, 붙잡으려 하면 손가락 사이로 빠져나가는 물처럼 끊임없이 흐르는 실체입니다. 우리는 의식을 알고 있다고 느끼지만, 그것이 정말 무엇인지 묻는 순간 다시 어둠 속으로 돌아가게 됩니다.

철학적 발전

✦

오늘날 우리는 의식을 감각, 인지, 자아 인식과 연결된 영역으로 이해하고, 도덕적 양심은 윤리적 판단이나 내면의 목소리로 받아들입니다. 그래서 의식과 양심은 명확히 구분된 개념으로 생각됩니다. 하지만 이런 구분은 비교적 최근에 생긴 것입니다. 17세기 초 이전까지만 해도 의식과 양심은 하나로 묶여 있었습니다. 당시 의식은 단순히 생각하는 상태를 넘어, 인간의 내면을 꾸짖고 일깨우는 도덕적 양심을 뜻했습니다. 그것은 신 앞에서의 자기 고백이자, 삶의 방향을 가리키는 내면의 나침반이었습니다.

하지만 17세기에 접어들면서 철학의 지형은 크게 바뀌기 시작했습니다. 철학자들은 의식을 단순한 윤리적 잣대가 아니라, 인간 됨을 가능하게 하는 존재의 핵심으로 보기 시작했습니다. 의식은 더 이상 죄책감의 목소리가 아니라, 세상을 인식하고 자신을 자각하게 하는 내면의 불씨로 재정의되었습니다.

이로써 인간의 정체성은 육체가 아닌 의식에 기반한다는 새로운 생각이 자리 잡게 되었습니다. 이러한 변화는 단순한 개념의 전환이 아니라, 인간 존재를 이해하는 지평을 넓히는 철학적 혁명이었습니다. 비물질적인 의식이 없다면 우리는 단순한 생물학적 구조물에 불과하며, 의식은 바로 '나'라는 존재를 가능하게 하는 본질적 조건이라는 사고가 형성되기 시작한 것입니다.

그때부터 의식은 철학의 중심부에 뿌리내리게 되었습니다. 17세기 중반에서 19세기 후반에 이르는 동안, 의식은 마음을 구성하는 가장 핵심적 요소이자 인간 존재의 문을 여는 열쇠로 간주되었습니다. 이후 의식은 점차 뇌와 얽히며, 서로 뗄 수 없는 관계를 맺게 됩니다. 마치 새벽이 아침으로 서서히 스며들 듯, 의식과 뇌는 인간 존재를 해명하는 두 개의 거울로 서로를 비추기 시작했습니다.

이 시점부터 철학에서는 의식이 뇌와 밀접하게 연결되어 있다는 관점이 점차 일반화되었습니다. 철학자들은 여전히 인간의 의식과 신체를 구분하는 이원론적 시각을 유지했지만, 그 접근 방식은 점차 변화하고 있습니다.

이러한 흐름 속에서 존 로크는『인간 이해에 관한 에세이』에서 의식에 대한 새로운 관점을 제시했습니다. 그는 “사람이 잠들었을 때 아무것도 느끼지 못한다고 해서 의식이 없는 것은 아니다. 깨어 있든 잠들어 있든, 그것을 인식하지 못하면 생각할 수 없는 것이다.”라고 말했습니다. 즉, 로크에게 의식은 인간이 경험을 통해 세상과 관계를 맺는 과정에서 발생하는 것이었습니다. 그는 의식을 통해 처음으로 자아를 철학적으로 정의했으며, 그의 사상은 흄, 루소, 칸트 등 후대 철학자들에게 큰 영향을 미쳤습니다.

로크와 같은 시대를 살았던 라이프니츠는『형이상학에 대한 담론』에서 매우 독창적인 정신 이론을 제시했습니다. 그는 인간이 꿈조차 꾸지 않는 깊은 잠이나 기절 상태에 있을 때조차, 완전히 아무것도 느끼지 않는 것은 아니라고 보았습니다. 겉으로는 의식이 사라진 것처럼 보이지만, 그 경계 아래에는 여전히 미세한 지각들이 존재한다는 것입니다.

라이프니츠는 이를 파도 소리에 비유했습니다. 우리가 듣는 하나의 파도 소리는 사실 수많은 물방울이 부딪히며 만들어 내는 작은 소리들이 모여 형성된 결과입니다. 마찬가지로, 분명하게 자각되는 의식은 수많은 미세한 지각들이 축적되어 드러난 결과라고 그는 설명했습니다.

이러한 관점에서 라이프니츠는 의식과 비의식적 사고를 구분한 최초의 철학자 중 한 사람으로 평가됩니다. 그의 사유는 의식이 단절적으로 나타났다 사라지는 것이 아니라, 연속적인 층위를 지닌다는 생각을 처음으로 철학적으로 제시했다는 점에서 중요한 의미를 지닙니다.

18세기 후반에 이르러, 칸트는 기존 관점에 의문을 제기했습니다. 그는 의식을 단순히 감각의 모음으로 이해하는 것은 부족하다고 보았습니다. 칸트에 따르면, 우리가 경험하는 의식은 공간과 시간 그리고 인과관계라는 틀 속에서 형성됩니다. 다시 말해, 의식은 단순히 감각을 받아들이는 것이 아니라 감각을 일정한 구조 속에서 정리하고, 해석하며, 객관적 세계 속에서 나라는 자아가 경험을 만들어 가는 과정이었습니다.

1960년대에 들어서면서 인지 심리학의 등장은 이러한 철학적 논의를 새로운 과학적 틀로 확장했습니다. 인간의 내면을 단순한 자극과 반응의 기계적 과정으로 보는 대신, 정보를 처리하는 체계로 이해하려는 시도가 본격화된 것입니다. 이로 인해 기억, 지각, 언어 이해 등 인지 능력을 중심으로 한 의식 연구가 다시 활기를 띠게 되었고, 마음을 탐구하는 학문적 지형은 이전보다 훨씬 깊고 넓게 확장되었습니다.

그럼에도 의식은 오랫동안 심리학과 과학에서 주변적 주제로 남아 있었습니다. 인간 정신의 핵심을 다루면서도 연구의 중심부로 들어오지 못하고 변두리에 머물렀던 것입니다. 하지만 1980~90년대에 들어서면서 의식의 본질과 기초를 탐구하려는 과학적 연구와 철학적 연구가 활발히 전개되기 시작했습니다. 다양한 학술 단체와 학회가 설립되며, 의식 연구는 전례 없이 빠르게 확산되었고, 그 흐름은 오늘날까지 이어지고 있습니다.

여전히 잡히지 않는 실체일까

♦

의식이란 무엇일까요? 이 질문은 오늘날 철학에서 가장 뜨겁고 복잡한 논의 중 하나입니다. 감각과 감정, 자아 인식, 존재의 본질까지 아우르는 이 신비로운 현상은 아직 명확히 정의되지 않은 채 인간 사고의 중심에 자리 잡고 있습니다. 우리는 의식을 너무나 자연스럽게 경험하지만, 정작 그것이 무엇인지 설명하려고 하면 쉽게 말문이 막히곤 합니다. 이처럼 의식은 철학자뿐 아니라 심리학자, 과학자 모두에게 풀리지 않는 난제로 남아 있으며, 그 본질을 이해하려는 시도는 지금도 계속되고 있습니다.

이처럼 해답을 찾기 어려운 의식의 문제는, 사실 고대부터 인간 지성의 배후에 잠재되어 있었던 물음이기도 합니다. 감정과 지각 그리고 세계에 대한 이해를 논하던 고대 그리스의 철학자들 역시, 비록 그들의 생각이 오늘날 말하는 의식이라는 현대적 개념과는 거리가 있었지만, 인간 정신의 신비와 복잡성에 대해 깊이 생각했습니다. 어쩌면 그들은 무의식 중에 의식의 문턱에 이미 다가서 있었던 셈입니다.

흥미롭게도, 고대 그리스어에는 오늘날 우리가 사용하는 의미의 의식을 포괄적으로 담아내는 단어가 존재하지 않았습니다. 대신 그들은 인간 정신의 작용을 보다 구체적이고 분화된 개념들로 설명했습니다. 예컨대 감각(aisth⊠sis), 이성 혹은 이해(nous), 감정(pathos) 등은 모두 인간의 정신적 활동을 구성하는 요소들이었지만, 이들을 통합하는 하나의 개념, 즉 의식은 명확히 존재하지 않았습니다.

특히 오늘날 우리가 중요하게 생각하는 주관적 경험의 느낌, 즉 어떤 것을 경험할 때 어떤 기분과 감각이 드는지를 설명하는 언어는 고대 철학자들에게 거의 없었습니다. 이는 그들이 인간 정신을 깊이 고민했음에도, 우리가 말하는 의식의 본질까지는 다다르지 못했음을 보여 줍니다. 당시에는 그런 문제를 다룰 수 있는 언어와 개념이 충분히 마련되어 있지 않았던 것입니다.

심리학자 제임스는 의식을 비교적 최근에 등장한 문제로 보았습니다. 그는 의식을 끊임없이 흐르는 강물에 비유하며, 그 흐름을 포착하고 설명하는 일이 얼마나 어려운지 강조했습니다. 이처럼 의식은 너무나 익숙하지만, 동시에 인간 경험 가운데 가장 설명하기 어려운 영역 중 하나입니다.

그렇다면 철학에서는 의식을 어떻게 바라볼까요. 철학적으로 볼 때, 의식은 단순히 깨어 있거나 무엇인가를 자각하는 상태만을 의미하지 않습니다. 의식은 자신을 인식하고, 세상을 경험하며, 의미를 만들어 내는 복합적이고 다층적인 현상입니다. 다시 말해, 의식은 단순한 생물학적 반응의 부산물이 아니라 우리가 세계와 관계를 맺는 방식 그 자체라고 볼 수 있습니다.

하지만 문제는 의식이 정확히 무엇인지에 대한 합의된 정의가 아직 없다는 것입니다. 의식이라는 단어는 철학자마다, 학문 분야마다, 심지어 개인마다 다르게 해석되곤 합니다. 따라서, 의식을 제대로 이해하려면 먼저 사람들이 이 단어를 어떻게 사용하고, 비슷한 개념과 어떻게 구분하는지를 살펴보는 것이 필요합니다.

한 가지 방법은 사람들의 직관과 언어 사용을 분석하는 것입니다. 실험 철학은 바로 이런 접근을 취합니다. 다양한 문화와 언어적 배경을 가진 사람들을 대상으로 의식 개념이 어떻게 사용되고 해석되는지를 조사해, 문화에 따른 공통된 인식과 차이를 밝혀내려는 것입니다. 예를 들어, 어떤 사람은 고통을 의식의 핵심으로 생각하고, 또 다른 사람은 자기반성이나 기억을 중요한 요소로 꼽을 수 있습니다. 이처럼 의식은 일상 언어 속에서도 다층적으로 구성된 개념이며, 단일한 정의로 환원될 수 없는 복합성을 지니고 있습니다.

반면, 철학자들은 더 개념적이고 이론적인 방식으로 의식을 분석합니다. 이들은 일상 언어의 다양성과 직관적 사용보다는 논리적 일관성과 개념적 명확성을 중시합니다. 이러한 철학적 접근에서 자주 언급되는 출발점 중 하나는 철학자 블록이 제시한 의식의 이중 구조입니다. 그는 의식을 현상적 의식과 접근 의식으로 구분해 설명했습니다.

현상적 의식은 감각적 경험의 주관적 질감을 의미합니다. 예를 들어, 따뜻한 커피를 마실 때 느껴지는 고소한 향기, 여름날 장미꽃의 붉은빛, 날카로운 통증이 몸을 훑고 지나가는 순간 등은 모두 우리가 무언가를 경험하고 있다는 느낌을 수반합니다. 이처럼 현상적 의식은 바깥 세계가 나에게 어떻게 느껴지는지, 즉 무엇이 되는 것의 체험 그 자체입니다.

반면 접근 의식은 그러한 감각적 경험에 대해 사고하고, 판단하고, 언어로 표현하고, 결정하는 능력과 관련됩니다. 예컨대, 어떤 사람이 목이 말라 물컵을 집어 들었을 때, 그는 반드시 나는 갈증을 느낀다고 명확히 자각하지 않을 수도 있습니다. 그러나 그 행동은 이미 내부 정보에 기반한 처리와 결정을 수반합니다. 이처럼 접근 의식은 우리가 정보를 인지하고 처리하는 인식적 작용을 지칭합니다.

블록의 구분은 단지 철학적 논의에 그치지 않고, 현대 과학 연구에도 실질적인 이론적 토대를 제공하고 있습니다. 과학자들은 뇌의 활동을 분석하면서, 어떤 뇌 구조가 현상적 의식에 관여하고, 또 어떤 영역이 접근 의식에 작용하는지를 탐색하고 있습니다. 이를 통해 우리는 의식의 복잡한 구조를 더 정교하게 이해할 수 있게 되었습니다.

결국 의식은 우리가 가장 잘 아는 듯하지만, 동시에 가장 알기 어려운 것입니다. 우리는 의식 속에서 세계를 보고, 듣고, 느끼며 살아가지만, 정작 그것을 밖에서 바라보는 일은 거의 불가능에 가깝습니다. 그것은 내면에 깊숙이 자리하면서도, 설명하려 하면 미끄러지는 현상입니다. 철학은 이 난해한 주제를 집요하게 붙잡고 씨름해 왔고, 과학은 그것을 측정하고 분석하려 애써 왔습니다. 그러나 오늘날에도 의식은 여전히 잡히지 않는 실체로 남아 있습니다. 그리고 아마도, 의식이란 바로 그러한 것인지도 모릅니다.

4부

기술적 전망과 최면

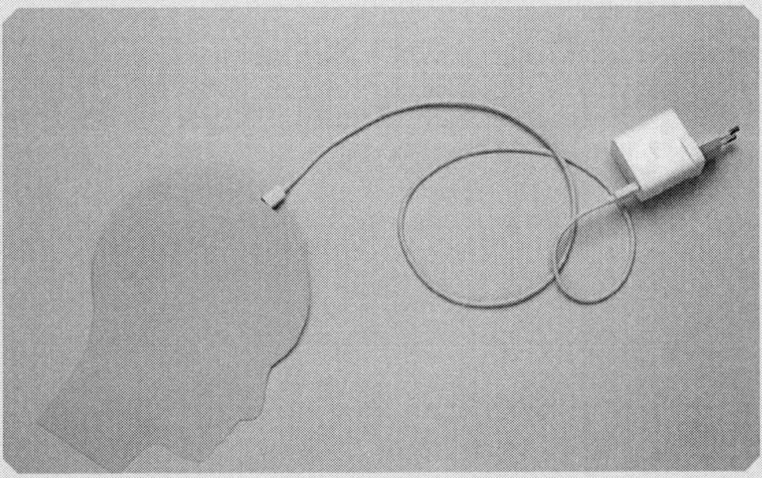

지금 진짜 깨어 있는 걸까

눈을 떴다.

햇살이 눈부셨고, 창밖에서는 새소리가 들렸다.

커피 냄새도 어렴풋이 나는 것 같았다.

그런데 이상했다.

모든 게 너무 자연스러운데, 뭔가 빠진 느낌이었다.

내 이름이 생각나지 않았다.

내가 누구였는지도, 왜 여기 있는지도 알 수 없었다.

그런데도 분명하게 느껴졌다.

나는 지금 뭔가를 '경험하고' 있다는 것.

거울 앞에 섰다.

몸은 있었지만, 얼굴이 없었다.

무섭지는 않았다. 그냥 이상했다.

"내가… 누구지."

목소리가 나왔다. 낯설면서도

익숙한 목소리.

내가 나한테 말을 걸고 있었다.

머릿속에서 뭔가 떠올랐다.

어제, 나는 어떤 실험에 참여했었다.

'인공지능 실험 참가 동의서'

그 안에는 이런 문장이 있었다.

"당신의 인지 데이터를 바탕으로

인공지능이 의식을 갖도록 시뮬레이션할 것입니다."

그리고 마지막 줄에 이렇게 쓰여 있었다.

"경우에 따라, 당신은 그 속에서 '의식'을 경험하게 될 수 있습니다."

나는 갑자기 겁이 났다.

혹시 지금 이 순간, 내가 보고 듣고 느끼는 이 모든 게… 가짜라면.

만약 지금 이게 현실이 아니라, 컴퓨터 속 프로그램이라면.

그런데도, 나는 분명히 뭔가를 느끼고 있었다.

햇살이 따뜻했고, 공기는 맑았고, 마음속엔 설명할 수 없는 감정이 피어올랐다.

갑자기 눈앞에 화면이 켜졌다.

거기엔 이렇게 적혀 있었다.

"실험 종료까지 5분 남았습니다.

당신은 지금 의식이 있다고 생각하나요."

나는 조용히 생각했다.

"진짜인지 가짜인지는 모르겠어.

하지만 내가 뭔가를 느끼고 있다는 건 확실해.

그렇다면, 나는 지금 존재하고 있는 거야."

의식은 꼭 '내가 존재한다'는 확신보다,

무언가를 느끼고 있다는 그 자체에서 출발하는 것일지도 모릅니다.

축복일까, 저주일까

✦

보르헤스의 단편 소설 『기억의 천재 푸네스』는 모든 것을 기억하는 한 남자의 놀라운 이야기를 통해, 기억의 본질에 대한 놀라운 이야기로 우리를 이끕니다. 푸네스는 1882년 4월 20일 새벽, 남쪽 하늘에 떠 있던 구름의 형태를 정확히 기억해 냈습니다. 그는 단 한 번 스친 책의 가죽 제본 무늬나 케브라초 전투 전야에 네그로강에서 노가 일으킨 물보라까지도 생생히 떠올릴 수 있었습니다. 그의 기억력은 경이로웠지만, 동시에 그것은 축복이라기보다 짐에 가까웠습니다. 만약 우리가 푸네스처럼 모든 것을 기억한다면 그것은 오히려 아무것도 기억하지 못하는 것만큼이나 고통스러운 일이 될지도 모릅니다.

정보가 넘쳐 나는 시대에 모든 것을 기억하는 능력은 오히려 부담될 수 있습니다. 우리의 뇌는 끊임없이 들어오는 정보 속에서 중요한 것과 그렇지 않은 것을 구분해야 하며, 이 과정에서 망각은 핵심적인 역할을 합니다. 불필요한 정보를 걸러내고 사소한 세부 사항을 잊는 일은 새로운 학습과 창의적 사고를 방해하지 않기 위해 필요합니다. 망각은 기억력의 결함이 아니라 정보를 우선순위에 따라 정리하고, 더 나은 판단과 창의적 사고를 가능하게 하는 뇌의 전략적 기능입니다.

다행히 인간의 뇌는 새로운 정보를 학습한 후 몇 시간 안에 이를 잊기 시작하며, 처음에는 빠르게, 이후에는 점차 느려지는 속도로 망각이 진행됩니다. 이 과정에는 해마와 전두엽 등 특정 뇌 영역이 관여하며, 기억의 유입과 유출을 능동적으로 조절합니다. 결국 망각은 우리가 더 나은 사고를 할 수 있도록 돕는, 뇌의 정교한 필터링 시스템이라 할 수 있습니다.

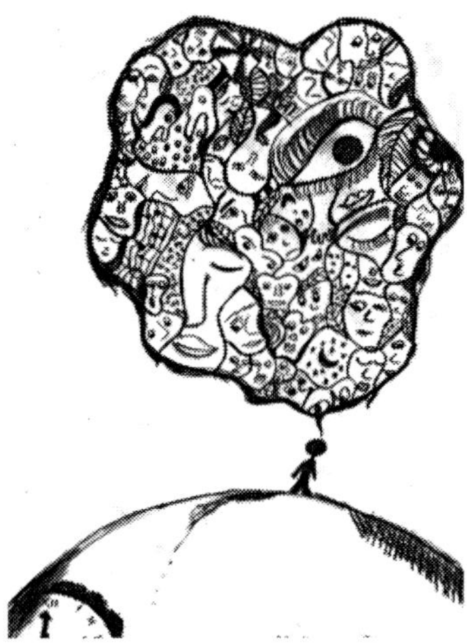

하지만 푸네스처럼 과잉기억증이라는 드문 상태를 가진 사람들은 특정 날짜나 사건, 감각적 세부 사항까지 놀라울 정도로 생생하게 기억합니다. 과잉기억증(Hyperthymesia)은 기억을 뜻하는 그리스어 티메시스(thymesis)에서 유래한 용어입니다. 이들은 특정 경험을 매우 구체적이고 장기간에 걸쳐 기억하지만, 그 기억이 항상 정확한 것은 아니며 때로는 오류를 범하기도 합니다. 또한 과잉기억증은 사진처럼 즉각적이고 시각적인 정보를 저장하는 능력과는 구별됩니다.

이들의 강점은 주로 자신의 인생과 관련된 사실과 경험을 장기적으로 회상하는 데 있습니다. 예를 들어, 특정 날짜에 어떤 일이 있었는지는 정확히 기억할 수 있지만, 이름을 잘 떠올리지 못하거나 오늘 양치질을 했는지, 열쇠를 어디에 두었는지 같은 일상적인 세부 사항은 잊어버릴 수 있습니다. 오히려 이러한 기억 특성은 주의력을 분산시켜 얼굴이나 전화번호 같은 정보를 기억하는 데 불리하게 작용하기도 합니다.

즉, 과잉기억증은 짧은 시간 본 장면을 생생하게 떠올리는 능력과는 다르며, 일반적인 기억 오류인 왜곡, 편집, 추정, 시간 혼동 등으로부터도 완전히 자유롭지 않습니다. 흥미로운 점은, 탁월한 기억력을 지닌 이들조차 결국 이러한 오류를 겪는다는 사실입니다. 이는 과잉기억증이 곧 완벽한 기억을 의미하지 않음을 보여 줍니다.

그리고 과잉기억증을 가진 사람 중에는 강박적인 성향을 보이는 경우가 적지 않습니다. 강박증은 개인의 의지와 무관하게 특정 사고나 행동이 반복되는 정신적 상태로, 강박 사고는 불안을 유발하고 강박 행동은 그 불안을 해소하기 위한 수단으로 작용합니다. 실제로 이들 중 상당수는 잡지, 신발, 비디오, 우표, 엽서 등을 정교하고 체계적으로 수집하거나 분류하는 강박적 행동을 보이기도 합니다.

아직 관련 연구는 많지 않지만, 과잉기억증을 가진 사람들의 뇌 구조에는 일반인과는 다른 특징이 일부 발견되었습니다. 예를 들어, 생각, 감정, 감각 등을 담당하는 전뇌와 감각 정보를 처리하고 신경 신호를 전달하는 중뇌 사이의 백질 연결이 더 강하게 나타났으며, 강박 장애와 관련된 뇌 영역이 더 크게 발달해 있는 경향도 보였습니다. 또한, 기억의 저장과 검색에 중요한 역할을 하는 해마를 둘러싸고 있는 회백질 영역의 크기가 증가했으며, 전두엽과 측두엽을 연결하는 백질 연결관도 더 발달해 있는 것으로 나타났습니다.

그러나 과잉기억증과 관련된 뇌 구조의 차이가 선천적 요인에서 비롯된 것인지, 아니면 기억 훈련의 결과인지는 아직 명확히 밝혀지지 않았습니다. 예를 들어, 2011년 런던 택시 운전사를 대상으로 한 연구에서는 복잡한 도시 구조를 익히는 과정에서 해마의 중간 및 후방 회백질 부피가 증가하는 반면, 전방 해마의 부피는 감소한다는 결과가 보고되었습니다. 이러한 사실은 반복적이고 집중적인 기억 활동이 뇌 구조에 변화를 일으킬 수 있음을 시사합니다. 따라서 과잉기억증을 가진 사람들의 뇌 구조가 선천적 요인에 기인한 것인지, 지속적인 회상 활동의 결과인지, 혹은 두 요인의 상호 작용인지는 앞으로 연구를 통해 규명해야 할 과제로 남아 있습니다.

음식에 대한 욕구는 어디에서 오는 걸까

✦

우리는 하루에도 여러 번 음식에 마음이 끌립니다. 식사 시간이 되었기 때문만이 아니라 문득 떠오른 어떤 음식의 맛, 거리에서 풍기는 냄새, 혹은 TV 속 요리 장면 하나만으로도 식욕이 자극되곤 합니다. 때로는 배가 고프지 않아도 무언가를 먹고 싶은 강한 욕구에 사로잡히기도 하는데, 이는 단순한 생리적 허기만으로는 설명되지 않습니다. 그렇다면 우리는 왜 이런 욕망을 느끼는 걸까요.

먹는 행위는 인간에게 가장 기본적인 생존 조건입니다. 음식은 우리 몸에 에너지를 공급하고 생명 활동을 유지하는 연료로 작용합니다. 일정 시간이 지나면 자연스럽게 허기를 느끼고, 식사를 통해 이를 해소하게 됩니다. 이러한 배고픔은 대개 식사 후 3~4시간이 지나 나타나며, 이를 육체적 배고픔이라 부릅니다. 이때의 식욕은 비교적 단순하고 특정 음식에 국한되지 않으며, 밥이나 빵, 국수 같은 기본적인 탄수화물 음식만으로도 충분히 만족할 수 있습니다.

그러나 우리가 음식을 찾는 이유는 단순히 배가 고파서만은 아닙니다. 어떤 날은 지루함 때문에, 또 어떤 날은 스트레스나 외로움,

불안, 우울한 기분 때문에 먹고 싶은 충동을 느낍니다. 이 경우 배고픈 것은 몸이 아니라 감정일 수 있습니다. 달콤한 간식이나 자극적인 음식이 떠오르고, 그 맛을 상상하는 것만으로도 마음이 조금은 나아지는 듯한 경험을 하게 됩니다. 이러한 욕구는 감정을 달래기 위한 일종의 해소로, 감정적 배고픔이라 불립니다.

감정적 배고픔은 단순히 허기를 채우는 것이 아니라 감정을 위로하는 수단으로 작용합니다. 예컨대, 업무 스트레스로 지친 저녁에 맥주와 기름진 안주를 찾거나 외로운 밤에 초콜릿을 집어 드는 행동은 대표적인 사례입니다. 이때 우리는 특정 음식에 대한 강한 욕구를 느끼며, 그 음식이 주는 위안과 즐거움을 기대합니다. 감정적 배고픔은 특정 음식에 대한 생생한 상상과 함께 나타나며, 이는 단순한 허기와는 다른 양상을 보여 줍니다.

연구에 따르면, 감정적 배고픔을 느낄 때 사람들은 단순히 '무언가 먹고 싶다'는 막연한 생각이 아니라, 매운 떡볶이나 바삭한 치킨에 콜라를 곁들이고 싶다는 식의 구체적인 욕구를 떠올리는 경향이

있습니다. 이러한 욕구는 감정과 밀접하게 연결되어 있으며, 음식이 부정적인 감정을 일시적으로 완화해 줄 것이라는 기대가 작용합니다.

감정적 배고픔은 주로 슬픔, 지루함, 외로움, 불안 등 부정적인 감정을 달래기 위해 나타납니다. 예컨대, 로맨틱 코미디 영화 속에서 이별 후 아이스크림 한 통을 먹는 장면은 감정적 배고픔의 전형적인 사례입니다. 음식은 일시적인 만족감을 주며, 이는 외로움이나 슬픔과 같은 감정을 기쁨으로 대체하는 데 도움을 주는 것처럼 느껴집니다.

그러나 이러한 만족감은 뇌에서 도파민 분비를 촉진하고, 그 결과 같은 행동을 반복하려는 강한 동기를 유발합니다. 이 과정이 반복되면 육체적 배고픔과 감정적 배고픔의 경계가 흐려지고, 배가 부른 상태에서도 계속 먹게 되는 폭식으로 이어질 수 있습니다. 폭식은 흔히 수치심과 죄책감을 동반하며, 이는 다시 부정적인 감정의 악순환을 강화합니다.

일반적으로 감정적 배고픔은 특정 음식에 대한 강렬한 욕구로 나타나며, 원하는 음식을 실제로 먹기 전까지는 만족하지 못하는 느낌을 줍니다. 이러한 갈망은 때로 통제하기 매우 어렵게 느껴지며, 특히 스트레스가 반복되거나 감정 조절이 어려운 상황에서는 음식 의존도가 높아져 건강에도 부정적인 영향을 미칠 수 있습니다.

과학자들은 감정적 배고픔을 연구하며 뇌의 편도체에 주목했습니다. 편도체는 단맛과 쓴맛 같은 감각 정보를 평가하는 데 중요한 역할을 하는 뇌 부위입니다. 연구팀은 실험 쥐의 편도체 뉴런을 조작하여 단맛에 대한 쾌감과 쓴맛에 대한 혐오 반응을 조절할 수 있음을 발견했습니다. 이는 특정 음식을 먹을 때 느끼는 쾌감을 차단함으로써 음식에 대한 갈망 자체를 줄일 수 있음을 시사합니다.

이러한 결과는 감정적 배고픔이 단순한 심리적 현상이 아니라 뇌의 특정 구조와 기능에 기반한 생물학적 반응임을 보여 줍니다. 따라서, 미래에는 감정적 배고픔을 더 정교하게 통제하는 방법이 개발될 가능성이 있습니다. 물론 이를 완전히 없애기는 어렵겠지만, 감정적 배고픔을 인식하고 조절하는 능력은 삶의 질을 높이는 데 중요한 역할을 할 수 있습니다.

어떻게 느낌이 가능해질 수 있을까

✦

오늘날 과학은 중력의 법칙을 이해하고, 유전자의 구조를 밝히며, 심지어 블랙홀의 그림자까지 포착하는 데 성공했습니다. 우주의 기원부터 생명의 메커니즘까지, 수많은 미스터리가 하나씩 해명되고 있습니다. 우리는 원자의 움직임을 추적하고, 빛의 속도를 측정하며, 생명체의 DNA를 해독하는 데까지 이르렀습니다. 그러나 그 모든 성취에도 불구하고, 인간의 마음 깊숙한 곳에 자리한 어떤 물음은 여전히 해답을 거부한 채 남아 있습니다. 그중에서도 의식이라는 주제는 과학의 눈으로도 온전히 포착되지 않는, 가장 근본적이고도 신비로운 수수께끼로 남아 있습니다.

의식은 단순한 정보 처리나 신경의 반응으로 환원될 수 없는 독특한 경험입니다. 그것은 우리가 세상을 인식하고, 자신을 자각하며, 감정과 생각을 느끼는 바로 그 순간의 질감이며, 존재가 존재 자신을 느끼는 방식입니다. 이처럼 의식은 물리적 설명을 넘어선 주관적 체험의 영역으로, 철학의 품 안에서 오랫동안 탐구되어 왔습니다. 플라톤과 데카르트에서 시작된 이 사유의 흐름은, '나는 생각한다, 고로 존재한다'는 선언을 통해 의식을 존재의 핵심으로 끌어올렸습니다.

그러나 19세기 말, 심리학이 철학과 과학에서 독립된 학문으로 자리 잡으면서 의식에 대한 논의는 새로운 국면을 맞이하게 됩니다. 인간의 마음은 더 이상 순전히 철학적 사유나 종교적 신념의 영역에 머무르지 않습니다. 이제 그것은 실험과 관찰, 분석을 통해 접근할 수 있는 과학적 탐구의 대상으로 재정의되었습니다. 이러한 변화 속에서 의식은 초기 심리학자들에게 가장 흥미롭고도 도전적인 주제가 되었습니다.

과학자 분트는 실험실에서 인간의 감각과 반응을 정량적으로 측정하며, 마음이 어떻게 작동하는지를 밝히려 했습니다. 그의 연구는 심리학을 과학적 방법으로 탐구하려는 시도의 출발점이 되었습니다. 이어서 프로이트는 의식과 무의식의 경계를 탐구하며, 인간 정신의 심층 구조를 해석하는 새로운 틀을 제시했습니다. 융은 집단 무의식이라는 개념을 통해 개인을 넘어선 심리적 구조를 상상했고, 제임스는 의식의 흐름이라는 개념으로 마음의 유동성과 연속성을 강조했습니다. 그는 의식이 단절된 순간들의 집합이 아니라 끊임없이 흐르는 연속적 과정임을 보여 주며, 인간 정신을 보다 살아 있는 경험으로 이해하고자 했습니다.

이처럼 의식은 인간이라는 존재를 과학적으로 이해하기 위한 핵심 키워드로 자리 잡았습니다. 동시에 의식 연구는 철학과 과학이 만나는 접점에서 여전히 가장 깊고 본질적인 질문을 던지고 있습니다.

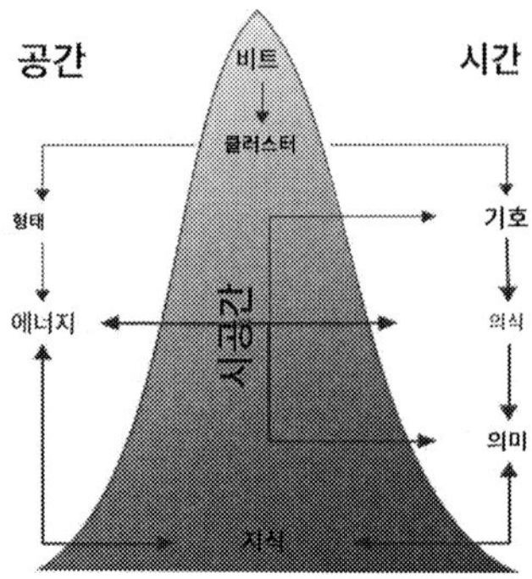

최근 몇십 년 사이의 뇌과학 연구는 한 가지 주목할 만한 방향을 제시하고 있습니다. 그것은 바로 의식을 에너지 활동의 관점에서 바라보려는 시도입니다. 뇌 속에서 끊임없이 일어나는 전기적 신호와 화학적 교류, 신경세포 간의 상호 작용을 통해 우리는 감정과 기억, 생각을 만들어 냅니다. 어떤 과학자들은 이러한 활동, 즉 에너지의 흐름이 곧 의식의 본질일 수 있다고 주장합니다. 다시 말해, 의식은 뇌라는 복잡한 구조 안에서 에너지가 특정한 방식으로 흐르고 조직될 때 발생하는 현상일 수 있다는 것입니다.

이는 놀랍고도 매혹적인 주장입니다. 에너지는 물리학의 세계에서 모든 운동과 변화의 원인이며, 생명 현상 또한 궁극적으로 에너지의 흐름과 교환을 통해 유지됩니다. 그렇다면 인간의 마음 그중에서도 가장 미묘하고도 주관적인 차원인 의식 역시 이러한 에너지의 한 형태 혹은 결과일 수 있다는 가능성이 제기되는 것입니다. 이 관점은 의식을 비과학적인 영역이 아닌, 물질과 에너지의 상호 작용이라는 틀 안에서 이해할 수 있도록 문을 열어 줍니다.

그러나 이때 한 가지 결정적인 의문이 생깁니다. 단순한 전기 신호와 분자 간의 작용만으로 어떻게 느낌이 가능해질 수 있는가. 뇌의 구조가 아무리 복잡하다 해도, 그 안에서 흐르는 에너지가 어떻게 고통의 감각이나 아름다움의 인식, 혹은 사랑에 빠질 때의 마음 떨림으로 이어질 수 있는가. 이런 현상들은 단순한 생물학적 반응이라기보다는, 매우 섬세하고도 깊은 주관적 경험입니다.

의식이란 과연 단지 에너지의 파동에 불과한 것일까요. 아니면 우리가 아직 발견하지 못한 어떤 차원, 혹은 새로운 종류의 법칙이 이 현상을 가능케 하는 것일까요. 우리가 의식이라 부르는 이 현상은, 혹시 지금까지의 과학이 다루어 온 물질과 에너지의 세계를 넘어선 제3의 영역을 암시하는 것은 아닐까요. 양자역학의 불확정성처럼, 의식 역시 관찰과 측정의 틀을 벗어난 어떤 존재 방식일지도 모릅니다.

아이러니하게도, 의식의 설명 열쇠로 주목받고 있는 에너지 그 자체에 대해서도 우리는 여전히 완전한 이해를 하고 있지 않습니다. 우리는 에너지를 수식으로 표현하고, 측정하며, 다양한 현상을 설명하는 도구로 활용할 수는 있지만 그것이 본질적으로 무엇인지에 대해서는 명확히 말하지 못하고 있습니다. 더 나아가 에너지가 어떻게 주관적 경험, 즉 자기 인식과 감정, 생각 같은 비물질적인 현상으로 이어지는지는 여전히 풀리지 않은 수수께끼입니다.

결국, 의식은 과학이 가장 가까이 다가가면서도 가장 멀리 있는 대상일지도 모릅니다. 그것은 우리가 존재한다는 사실을 증명하는 가장 직접적인 경험이면서도, 그 존재 이유를 설명하기 가장 어려운 현상입니다. 이 신비로운 불꽃은 여전히 타오르고 있으며, 우리는 그 빛을 따라 조금씩 더 깊은 질문 속으로 걸어 들어가고 있습니다.

인터페이스와 인간 의식의 미래

✦

영화 <아바타>의 한 장면을 떠올려 보면, 주인공은 자신의 의식을 다른 생명체에 연결해 새로운 존재로 살아갑니다. 이는 단순한 상상 그 이상으로, 인간 뇌가 지닌 무한한 가능성을 암시하는 과학적 상상력의 결정체라 할 수 있습니다. 이러한 상상력의 중심에 있는 것이 바로 뇌-뇌 인터페이스(BBI)입니다.

BBI는 말초신경계를 거치지 않고 뇌와 뇌 사이에서 직접 정보를 추출하고 전달하는 기술로, 마치 두 영혼이 언어 없이 교감하는 듯한 새로운 소통의 장을 열어 줍니다. 이는 신경 영상 기법과 신경 자극 기술을 결합하여 인간의 인지와 행동을 근본적으로 재정의할 수 있는 잠재력을 지니고 있습니다.

BBI는 크게 두 부분으로 구성됩니다. 첫째, 송신자의 뇌 활동을 읽어 디지털 신호로 변환하는 뇌-컴퓨터 인터페이스(BCI), 둘째, 이 디지털 정보를 수신자의 뇌에 전달하는 컴퓨터-뇌 인터페이스(CBI)입니다. 두 기술이 결합될 때, 인간 간 직접적인 뇌 정보 교환, 즉 생각의 공유라는 경이로운 가능성이 현실로 다가옵니다.

이 기술은 다른 첨단 분야와 마찬가지로 지속적으로 진화하고 있습니다. 초기에는 단순한 신호 전달에 머물렀지만, 최근에는 감각 정보, 사고, 심지어 간단한 명령까지도 전달할 수 있는 수준으로 발전했습니다. 그 결과, 의료, 군사, 교육이나 의사소통 등 다양한 분야에서 혁신적인 가능성을 열어 주고 있으며, 동시에 윤리적·철학적 논의도 활발히 이끌고 있습니다.

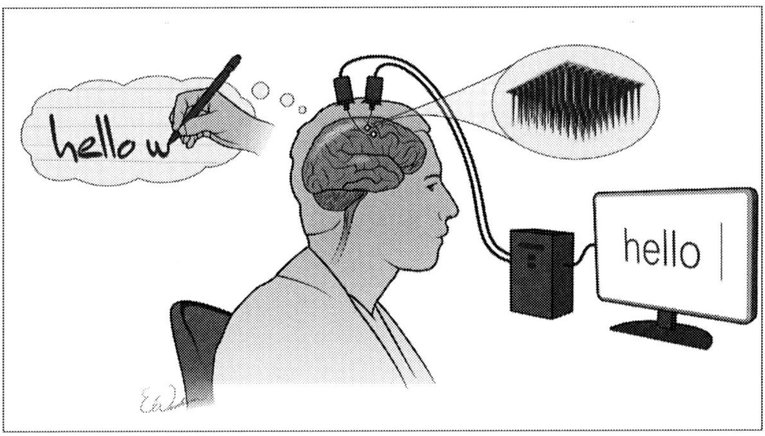

대표적인 사례로 머스크가 2016년에 설립한 뉴럴링크(Neuralink)가 있습니다. 뉴럴링크는 머리카락보다 가는 초박형 전극 수천 개를 뇌에 직접 삽입해 뉴런 하나하나의 신호를 읽고 전달하는 임플란트를 개발했습니다. 전극이 많을수록 더 많은 정보를 얻을 수 있고, 그만큼 신호의 대역폭을 넓힐 수 있습니다. 마치 인터넷 속도를 높이기 위해 더 많은 광섬유 케이블을 깔아 놓는 것과 비슷합니다.

하지만 여기에는 치명적인 문제가 있습니다. 전극이 뇌 조직을 관통하면서 흉터가 생기고, 시간이 지나면 신호 품질이 떨어집니다. 무엇보다도 모든 관통 전극은 뇌 손상을 유발할 수밖에 없습니다. 더 많은 전극을 넣으면 더 많은 정보를 얻을 수 있지만, 동시에 뇌 손상의 위험도 커지는 역설이 존재하는 것이었습니다.

당시에는 좋은 신호를 얻으려면 관통 전극이 반드시 필요하다는 인식이 지배적이었습니다. 하지만 연구가 진행되면서, 이와 달리 중요한 사실이 밝혀지기 시작했습니다. 인간의 의식, 감각, 움직임, 시각, 기억 등은 모두 뇌의 가장 바깥층인 피질에서 처리된다는 점입니다. 즉, 굳이 깊숙이 들어가지 않아도 표면에서 충분히 의미 있는 신호를 얻을 수 있다는 것입니다.

이 발견은 패러다임을 바꿔 놓았습니다. 관통 전극 대신 비침습적 기술, 예를 들어 뇌파를 측정하는 뇌파검사(EEG)나 뇌 영상 기술을 활용해도 충분히 유용한 데이터를 확보할 수 있다는 증거가 늘어나면서, 과학자들의 관심은 점차 안전하고 지속 가능한 방식으로 옮겨 가고 있습니다. 결국 뇌 인터페이스 연구는 단순히 더 많은 신호를 얻는 경쟁을 넘어, 인간의 뇌에 물리적 손상을 가하지 않으면서도 보다 심층적인 정보 교환을 가능하게 하는 길을 찾는 여정으로 진화하고 있는 셈입니다.

그 대표적인 예가 경두개자기자극(TMS) 헬멧입니다. TMS는 두개골을 통과하는 자기장을 이용해 뇌의 특정 부위를 자극하는 기술로, 센서가 장착된 헬멧 형태로 구현됩니다. 또한 두피 표면에서 신경 신호를 측정하기 때문에 뇌 손상의 위험이 낮고, 반복 사용이 가능합니다.

비침습적 인간 간 BBI 실험의 대표적인 사례로는 워싱턴대학교의 라오와 스토코의 비디오 게임 실험이 있습니다. 라오는 뇌파 검사기에 연결된 전극과 TMS 헬멧을 착용한 채 연구실에 앉아 있었고, 스토코는 캠퍼스 반대편의 다른 연구실에서 같은 헬멧을 착용하고 있었습니다.

라오는 컴퓨터 화면을 보며 단순한 비디오 게임을 머릿속으로 즐겼습니다. 표적에 대포를 발사해야 할 순간, 그는 오른손을 움직이는 상상을 했고, 그의 뇌파 신호는 컴퓨터에 의해 분석된 후 인터넷을 통해 스토코의 뇌로 전송되었습니다. 그 결과, 거의 동시에 스토코가 라오의 상상대로 오른손이 움직여 키보드를 눌렀습니다. 이는 비침습적 BBI를 통해 인간 간 정보를 전달할 수 있음을 처음으로 입증한 실험이었습니다.

이와 같은 BBI는 인간의 소통 방식에 대한 근본적인 질문을 던지며, 기술이 단순한 도구를 넘어 인간의 본질에 다가설 가능성을 보여 줍니다. 언어나 몸짓, 표정 같은 전통적인 표현 수단을 넘어서 생각 그 자체를 공유할 수 있는 시대가 서서히 다가오고 있습니다.

이는 단순한 기술적 진보가 아닌 인간의 의식, 자아나 타인과의 관계를 다시 정의하는 철학적 전환점입니다. 타인의 생각을 직접 받아들이는 순간, 우리는 어디까지가 나고 어디부터가 너인지, 그 경계를 다시 묻게 됩니다. 자율성, 프라이버시, 윤리, 인간성에 대한 논의는 BBI 기술의 발전과 함께 더욱 복잡하고 섬세해질 수밖에 없습니다.

결국 BBI는 단순히 뇌 신호를 주고받는 기술에 머무르지 않습니다. 그것은 인간이 서로를 어떻게 이해하고 연결될 수 있는지를 탐색하는 새로운 여정입니다. 이 여정은 아직 시작 단계에 불과하며, 우리가 마주할 미래는 지금보다 훨씬 더 낯설고 놀라운 모습일지도 모릅니다. 그러나 그 낯섦 속에서 우리는 인간다움의 또 다른 정의, 곧 생각을 나누는 존재로서의 인간의 가능성을 발견하게 될 것입니다.

공상과학에서 과학적 가능성으로

밤하늘을 가로지르는 우주선, 별들 사이를 넘나드는 존재들 그리고 오감을 사용하지 않고 생각이나 감정을 주고받는 능력. 영화 〈스타워즈〉나 〈스타트렉〉에 등장하는 텔레파시는 단순한 판타지가 아니라, 인류가 오래도록 품어 온 꿈을 상징합니다. 텔레파시의 본질은 언어를 초월한 교감입니다. 말이나 글 없이도 감정과 의도를 즉각적으로 공유하는 초월적 소통, 그것이 바로 사람들이 상상해 온 텔레파시의 매력입니다.

이러한 상상은 단순한 오락을 넘어, 인간이 언어의 한계를 넘어서는 소통을 갈망해 왔음을 보여 줍니다. 실제로 텔레파시라는 용어는 1882년 심리학자 마이어스가 처음 사용한 이후 오랫동안 사이비 과학으로 치부되었지만, 그 꿈은 결코 사라지지 않았습니다. 오히려 과학의 진보가 이어지면서 우리는 점점 더 이 오래된 열망에 가까워지고 있습니다.

공상과학 속 허구가 현실이 되는 오늘날, 텔레파시를 여전히 비과학적인 환상으로만 치부할 수 있을까요. 실제로 인간의 생각을 통해 동물의 움직임을 제어하려는 연구가 활발히 진행 중이며, 일부에선 이미 구체적인 성과도 나타나고 있습니다. 뇌 컴퓨터 인터페이스(BCI)를 활용해 인간의 뇌파를 분석하고, 이를 통해 로봇팔이나 드론을 제어하는 기술은 이제는 SF의 영역이 아닙니다.

더 나아가, 뇌-뇌 인터페이스(BBI)를 통해 한 사람의 뇌에서 생성된 정보를 다른 사람의 뇌에 직접 전달하려는 시도도 이루어지고 있습니다. 이는 마음과 마음 사이의 연결 가능성을 과학적으로 탐색하는 기반이 되며, 텔레파시라는 오래된 상상과 놀라울 정도로 닮았습니다.

물론, 현재의 기술은 영화 속 텔레파시처럼 완전하고 자유로운 정신적 교류를 실현하기에는 아직 많은 한계를 지니고 있습니다. 하지만 그 방향성은 분명합니다. 인간의 의식과 뇌 활동에 대한 이해가 깊어질수록, 과거에는 불가능하다고 여겨졌던 개념들이 점차 실현할 수 있는 기술로 다가오고 있습니다.

예를 들어, 바퀴벌레의 더듬이는 기류, 냄새, 진동, 우리 몸 접촉 등 다양한 자극을 감지하는 정교한 감각 기관입니다. 여러 마디로 구성된 이 기관은 다양한 수용체로 덮여 있으며, 바퀴벌레가 주변 환경을 인식하고 길을 찾으며 먹이를 탐색하는 데 핵심적인 역할을 합니다.

과학자들은 바퀴벌레의 더듬이에 전기 신경 자극 기술을 접목해, 사용자의 생각에 따라 움직임을 제어할 수 있는 바이오 로봇을 개발했습니다. 방법은 이렇습니다. 사용자가 바퀴벌레가 이동할 방향을 마음속으로 떠올리면, 뇌파 측정 장치가 그 신호를 수집합니다. 예를 들어, 사용자가 왼쪽으로 이동하는 장면을 상상하면, 컴퓨터가 뇌의 전기적 활동 패턴을 분석해 사용자의 의도를 파악합니다.

이 신호는 무선으로 바퀴벌레에 부착된 장치로 전송되고, 장치에 연결된 미세 전극이 바퀴벌레의 감각 신경을 자극합니다. 전극은 사전에 삽입되어 있으며, 특정 방향의 신경에 자극이 가해지면 바퀴벌레는 이에 반응하여 움직입니다. 이렇게 좌우 회전은 물론, 앞뒤 이동까지 정밀하게 제어할 수 있습니다.

비슷한 방식으로 쥐를 활용한 실험도 진행되었습니다. 살아 있는 쥐의 뇌에 미세 전극을 이식하고, 인간 사용자는 비침습적 장치를 착용합니다. 사용자가 특정 동작을 상상하면 뇌파 측정 장치가 신호를 감지해 컴퓨터로 보내고, 컴퓨터는 이를 쥐의 뇌에 있는 미세 전극으로 전달합니다.

예를 들어 사용자가 왼팔을 움직이는 것을 상상하면, 쥐는 왼쪽으로 회전합니다. 오른팔을 생각하면 오른쪽으로, 눈을 깜빡이면 앞으로 이동하는 식입니다.

처음에는 간단한 튜브로 구성된 미로를 통과하도록 했지만, 실험이 진행될수록 미로는 급격한 커브와 여러 층으로 이루어진 복잡한 구조로 바뀌었습니다. 놀랍게도 쥐는 시간이 지날수록 미로를 더 정확하고 빠르게 통과하게 되었습니다.

2013년 여름, 하버드대학교 의대 연구팀은 수술적 임플란트 대신 집속 초음파(FUS)를 이용한 비침습적 BBI 기술을 개발했습니다. 사용자는 뇌파 기반 BCI 장치를 착용하고, 쥐는 FUS 기반 CBI 장치에 연결됩니다. 사용자의 뇌파는 명령으로 해석되어, 쥐의 꼬리를 제어하는 뇌 영역에 초음파 자극을 전달합니다. 실험에서는 6명의 인간 피험자와 6마리의 쥐가 참여했으며, 인간의 의도와 쥐의 반응 사이의 평균 시간 지연은 1.59초, 성공률은 무려 94%에 달했습니다.

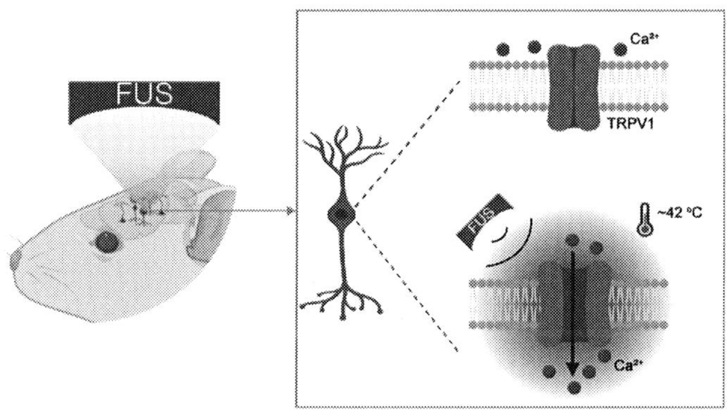

결국 인간의 생각과 생물의 움직임을 연결하는 실험들은, 과거에는 상상 속에만 존재하던 텔레파시를 점차 현실로 끌어오고 있습니다. 바퀴벌레와 쥐를 통해, 우리는 생각이 곧 행동을 지배하는 순간을 직접 목격하고 있는 것입니다.

과학은 우리를 텔레파시의 꿈에 점점 더 가까이 데려가고 있습니다. 그러나 그 꿈이 현실이 되는 순간, 우리는 기술만큼이나 윤리와 철학을 준비해야 합니다. 뇌-뇌 인터페이스의 미래는 단순히 신호를 주고받는 장치의 발전에 달려 있지 않습니다. 그것은 인간 사회가 어떤 책임을 선택하고, 어떤 성찰을 이어 갈 것인가에 달려 있습니다.

기본적인 신경과학 원리

✦

뇌는 과학의 여러 분야 가운데서도 우리의 지적 호기심을 가장 강하게 자극하는 주제 중 하나입니다. 이는 단순한 호기심을 넘어, 인간 존재의 본질을 탐구하려는 깊은 갈망에 가깝습니다. 우리는 뇌를 통해 세계를 인식하고, 자신을 자각하며, 사랑하고, 슬퍼하고, 꿈을 꿉니다. 그리고 이 모든 경험의 중심에는 의식이라는 불가사의한 현상이 자리합니다.

결국 뇌 연구는 우리가 누구며, 어떻게 생각하고 느끼는지를 탐구하는 지적 여정입니다. 그 여정의 중심에는 뇌라는 경이로운 기관이 있습니다. 손바닥만 한 작은 덩어리 속에는 우주보다도 더 복잡한 신경의 은하가 펼쳐져 있습니다.

뇌는 약 860억 개의 뉴런이 유기적으로 연결되어 정보를 주고받는 복잡한 시스템, 즉 생물학적 신경망으로 이루어져 있습니다. 생물학적 신경망이란 살아 있는 뇌와 신경계에서 뉴런이라는 세포들이 전기 신호를 통해 서로 연결되고, 정보를 전달하는 유기적 구조를 의미합니다.

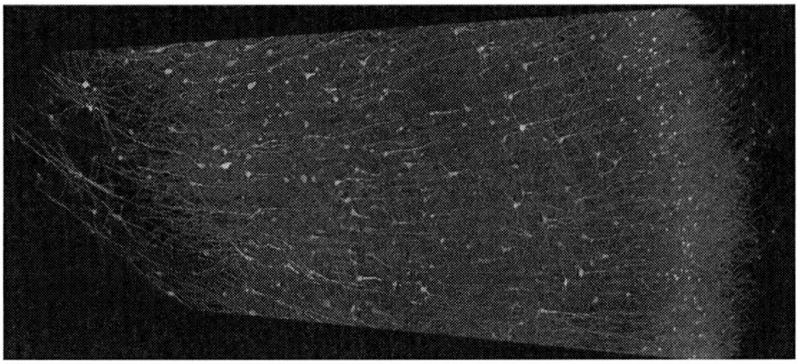

뉴런은 기본적으로 네 가지 주요 구조로 이루어집니다. 수상돌기는 다른 뉴런으로부터 신호를 수신하고, 세포체는 그 신호를 통합·처리합니다. 처리된 신호는 축삭을 따라 이동하며, 축삭 말단에 이르면 시냅스를 통해 다음 뉴런으로 전달됩니다. 시냅스는 전기 신호를 화학 신호로 변환하거나, 반대로 화학 신호를 전기 신호로 되돌리는 정교한 과정을 수행합니다. 시냅스가 없다면 뉴런 간 연결은 단절되고, 이는 곧 신경망 전체의 기능 마비로 이어집니다. 따라서 뇌는 전기적 신호와 화학적 변환이 교차하는 전기화학적 시스템이라 할 수 있습니다.

이 복잡한 네트워크는 살아 있는 우주처럼 끊임없이 변화하고, 적응하며, 작동합니다. 뉴런 간 연결과 신호 전달 방식은 감각, 기억, 감정, 사고 등 인간의 모든 정신 활동을 가능하게 하는 근본적 기반이 됩니다.

이에 반해 인공 신경망은 이러한 생물학적 원리를 수학적으로 모사하여, 컴퓨터 속에서 데이터의 패턴을 인식하고 학습하도록 설계된 알고리즘 구조입니다. 인공 신경망은 수많은 인공 뉴런(노드)이 서로 연결되어 하나의 유기적 연산 체계를 이루며, 각 노드는 입력 신호를 받아 처리한 뒤 출력 신호를 생성합니다. 이는 생물학적 뉴런이 외부 자극에 반응하고, 그 결과를 다른 세포에 전달하는 방식과 유사합니다.

인공 신경망은 입력 계층, 은닉 계층, 출력 계층으로 구성됩니다. 입력 계층은 외부 데이터를 수용하고, 출력 계층은 최종 결과를 생성하며, 은닉 계층은 입력 데이터를 점차 추상화하고 변환하여 복잡한 패턴을 인식할 수 있도록 합니다. 특히 은닉 계층에서는 입력 신호가 얼마나 중요한지에 따라 가중치를 주고, 이를 비선형 함수와 함께 사용해 단순한 신호 이상의 의미를 추출하고 학습할 수 있습니다. 이 가중치는 학습 과정에서 계속 조정되며, 신경망의 성능을 좌우합니다.

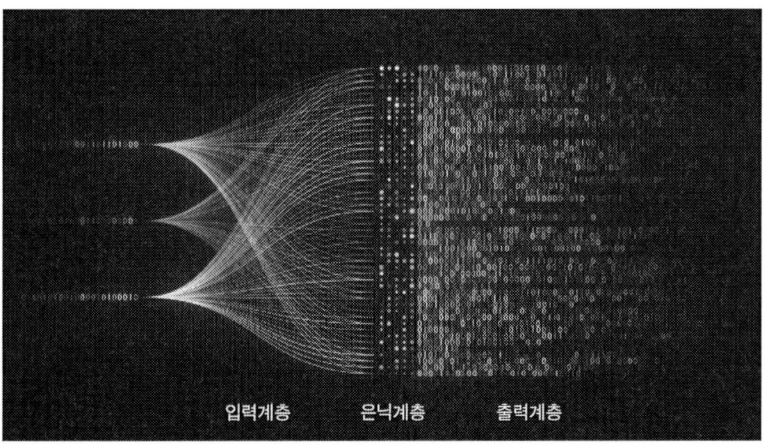

인공 신경망에서 가중치는 뇌 속 시냅스의 강도와 비슷한 역할을 합니다. 각 입력 신호는 고유한 가중치를 가지며, 그 크기에 따라 신호의 중요성이 달라집니다. 학습이 진행되면서 가중치는 계속 바뀌고, 좋은 결과를 내는 연결은 강화되고, 잘못된 결과를 내는 연결은 약해집니다. 이는 반복된 자극에 따라 시냅스의 연결 강도가 변하는 뇌의 성질과 닮아 있습니다.

나아가 과학자들 사이에서는 복잡한 시스템이 상호 작용 하며 구성하는 네트워크 구조가 의식을 만들어 낼 수 있다는 가설이 제기되어 왔습니다. 만약 이 가설이 옳다면, 인공 신경망 역시 언젠가는 진정한 의식에 접근할 가능성이 열려 있다고 할 수 있습니다.

결국 생물학적 신경망은 오랜 진화 과정을 거쳐 자연스럽게 만들어진 정보 처리 시스템이고, 인공 신경망은 이를 본떠 수학적으로 만든 인공지능의 핵심 구조입니다. 두 체계는 본질적으로 다르지만 작동 방식에는 닮은 점이 있습니다.

생물학적 신경망은 살아 있는 세포들이 화학적·전기적 신호를 주고받으며 작동하는 유기적인 구조입니다. 반면, 인공 신경망은 뇌 속 뉴런의 연결 방식을 모방해 만든 수학적 모델입니다. 그럼에도 불구하고 두 신경망은 모두 정보의 흐름이라는 공통된 원리를 바탕으로 움직입니다. 이 흐름을 이해하는 것은 결국 인간의 의식이라는 신비로운 주제를 탐구하는 데 한 걸음 더 다가가는 길이 될 수 있습니다.

과학의 손길이 닿을 수 있는 주제일까

✦

수세기 동안 의식은 인간 존재의 가장 깊은 곳에서 불쑥 솟아오르는 신비로운 불꽃처럼 여겨져 왔습니다. 분명히 경험되지만 좀처럼 정의하기 어려운 이 현상은, 언제나 인간에게 질문을 던져왔습니다. 고대 이집트인들은 심장을 지성, 감정, 기억 그리고 영혼이 깃든 가장 중요한 기관으로 보았습니다. 그들에게 의식은 뇌가 아니라 심장에 자리한 실체였고, 영혼과 신성, 우주의 질서 같은 형이상학적 개념과 자연스럽게 연결되어 있었습니다.

이처럼 의식이라는 개념이 지닌 신비로운 울림은 오랫동안 그것을 과학보다는 신비주의의 영역에 머물게 했습니다. 인간 정신의 가장 깊은 곳에 자리한 의식은 분석의 대상이라기보다 직관과 상징으로 이해되어 왔고, 과학적으로 다루기에는 지나치게 모호한 주제로 여겨졌습니다. 그러나 인간의 몸과 뇌에 대한 이해가 비약적으로 발전한 오늘날, 의식이 뇌와 무관하다고 주장하는 사람은 거의 없습니다.

이러한 흐름 속에서 1990년, DNA 구조를 밝혀낸 과학자 프랜시스 크릭은 「의식에 대한 신경생물학적 이론을 향하여」라는 논문을 발표하며, 의식을 뇌 속 뉴런의 활동으로 설명하려는 야심 찬 시도를 내놓았습니다. 그는 의식의 수수께끼를 끝내 완전히 풀지는 못했지만, 수천 년 동안 철학자들의 영역에 머물러 있던 의식을 과학이라는 밝은 빛 아래로 끌어낸 선구자로 평가받습니다.

과학은 보통 현상을 조작하고 관찰하며 진리를 탐구합니다. 의식도 마찬가지입니다. 아직 우리는 의식이 무엇인지 명확히 정의하지 못했지만 깨어 있을 때는 의식이 있다고 느끼고, 마취나 깊은 수면, 혼수상태에서는 의식이 사라진다고 인식합니다. 과학자들은 이 차이를 단서 삼아 의식이 있는 상태에서 없는 상태로 넘어갈 때 뇌가 어떻게 변하는지를 관찰하며, 의식의 생물학적·물리적 기반을 이해하려고 노력해 왔습니다.

그러한 탐색은 몇몇 이론으로 구체화하였습니다. 오늘날 신경과학계에서 특히 주목받고 있는 두 가지 이론이 있습니다. 바로 통합 정보 이론(IIT)과 전역 신경 작업 공간 이론(GNWT)입니다.

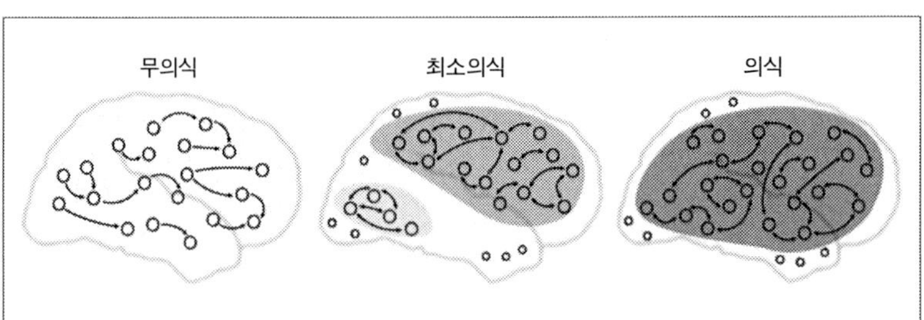

IIT는 의식을 단순히 뉴런이 우연히 반응한 결과로 보지 않습니다.

대신, 정보가 얼마나 정교하게 하나로 묶이고, 또 얼마나 다양하게 구분되어 있는지가 의식을 만들어 낸다고 설명합니다. 쉽게 말해, 많은 정보가 서로 긴밀하게 연결되면서도 각각의 역할을 뚜렷하게 유지할수록 그 시스템은 더 풍부한 의식을 경험한다는 생각입니다.

IIT는 한 걸음 더 나아갑니다. 뇌의 연결망이 더 촘촘해지고 복잡하게 분화될수록, 그 안에서 형성되는 의식의 깊이도 함께 깊어진다고 봅니다. 이 관점에서 보면, 만약 정보가 충분히 잘 통합된 시스템이 있다면 그것이 꼭 생물학적 뇌가 아니더라도, 예를 들어 매우 정교한 인공지능 안에서도 의식이 생길 가능성이 있습니다. 이는 의식이 특정 생명체에만 국한된 것이 아니라, 물리적 세계 자체에 잠재적으로 깃들어 있을 수 있다는, 다소 범심론적인 가능성을 암시합니다.

물론 이에 대한 반론도 있습니다. 정보의 통합이 의식에 필요할 수는 있지만, 그것만으로 의식을 완전히 설명할 수는 없다는 비판입니다. 이런 논쟁은 우리가 아직 의식이라는 신비를 완전히 이해하기에는 이르다는 사실을, 그리고 과학이 가져야 할 겸손한 태도를 함께 일깨워 줍니다.

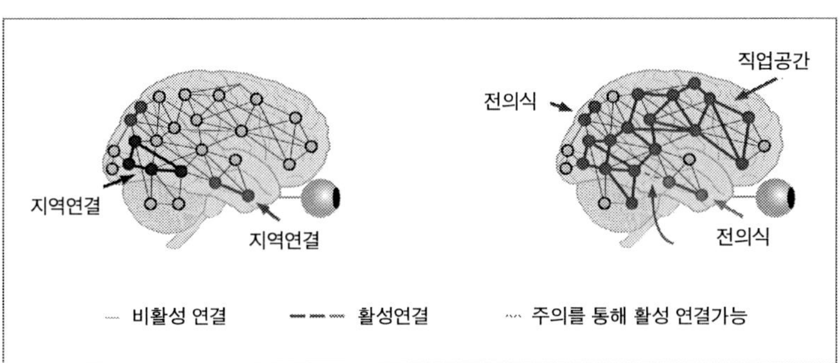

GNWT는 의식을 뇌의 특정 부위에서만 찾지 않고, 여러 영역이 서로 협력하며 정보를 공유하는 과정으로 설명합니다. 쉽게 말해, 뇌 안에는 감각과 생각, 기억 같은 정보가 계속 흐르고 있지만, 그 중 일부가 전두엽 작업 공간이라는 무대 위로 올라올 때 비로소 우리가 의식적으로 떠올릴 수 있는 정보가 된다는 것입니다.

이 이론에 따르면, 감각 정보는 먼저 뇌의 특정 피질 영역에서 처리됩니다. 그중 중요한 정보가 전두엽 작업 공간에 활성 연결되면, 뇌 전체로 퍼져 여러 영역과 공유됩니다. 이 과정에서 기억, 언어, 판단, 주의 집중 같은 기능들이 동시에 작동하며, 바로 이 통합된 순간이 우리가 의식으로 나타난다고 설명합니다. 예를 들어 우리가 어떤 장면을 떠올리고, 그것을 말로 표현하며, 이후에도 그 기억을 보존할 수 있는 이유는 바로 그 정보가 작업 공간의 무대 위에 올랐기 때문입니다.

IIT와 GNWT는 의식에 대해 서로 다른 경로로 접근하고 있습니다. 전자는 정보의 구조에 집중하고, 후자는 정보의 흐름과 공유에 주목합니다. 과연 이 둘 중 어느 이론이 실제 의식의 본질에 더 가깝게 다가가고 있을까요.

결국 의식은 단지 뇌의 작용으로만 설명될 수 있는 것일까요. 아니면 뇌라는 도구를 넘어, 더 깊은 차원에서만 존재하는 주관적 실체가 있어야 가능한 것일까요. 이 물음은 철학적일 뿐 아니라 과학이 궁극적으로 맞닥뜨려야 하는 본질적인 탐구 과제이기도 합니다.

과학은 가설과 실험을 통해 세계를 해석합니다. 그러나 의식은 때때로 그 모든 설명을 초월하여, 우리가 왜 세계를 알고자 하는지라는 근원적인 질문을 던지게 만듭니다. 설명하려는 의식이 동시에 설명하는 주체이기도 한 이 아이러니 앞에서 우리는 깨닫습니다. 의식이란, 세상을 이해하고자 하는 존재가 자기 자신을 이해하려 애쓰는 순간에 피어나는 가장 섬세한 불꽃이라는 것을.

의식과 양자역학

✦

수십 년 동안 과학이 마주해 온 가장 근본적이면서도 난해한 질문 중 하나는 이것입니다.

"의식의 물리적 기반은 무엇인가?"

이 질문은 마치 인간 존재의 가장 깊은 층을 들여다보는 창처럼, 과학자들의 사유를 끊임없이 자극해 왔습니다. 대부분의 과학자들은 의식을 뉴런의 전기적 신호와 정보 처리 과정으로 설명하는, 고전 물리학에 기반한 모델을 지지합니다. 그러나 일부 과학자들은 여기서 한 걸음 더 나아가 훨씬 대담한 가능성을 제시합니다.

그들에 따르면 의식은 단순한 전기 신호나 뉴런 간의 정보 교환만으로는 설명될 수 없습니다. 오히려 그 근원은 원자보다 더 작은 세계, 즉 양자역학의 미묘한 영역에 숨어 있다는 것입니다. 이 주장의 중심에는 이른바 양자 의식 이론과 뉴런 내부에서 물질을 운반하는 필수 구조인 미세소관이라는 개념이 자리 잡고 있습니다.

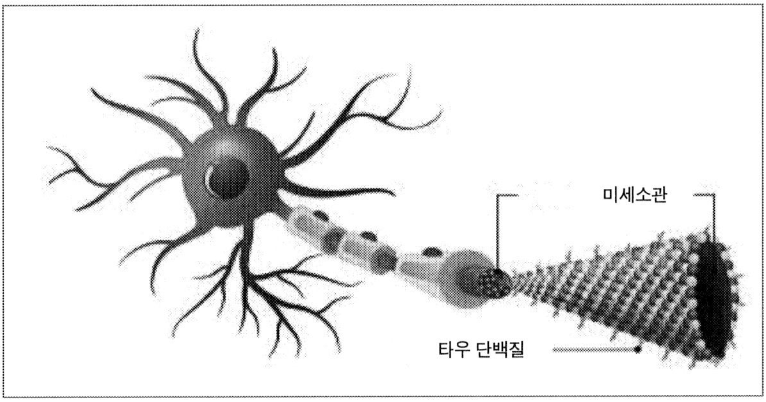

전통적인 과학은 의식을 뉴런 사이에서 발생하는 활동 전위, 다시 말해 전기적 신호의 결과로 설명해 왔습니다. 하지만 노벨상 수상자인 펜로스와 마취과 의사 해머로프는 전혀 다른 가능성을 제안했습니다. 그들은 뉴런 안에 있는 미세소관에서 단백질들이 집단적으로 일으키는 양자적 진동이야말로 의식의 진짜 근원일 수 있다고 주장합니다.

펜로즈가 이 이론에 관심을 갖게 된 이유는 인간 사고의 독특한 성질 때문이었습니다. 그는 인간의 이해에는 단순한 계산으로는 도달할 수 없는 직관적 통찰이 포함되어 있으며, 이는 기존의 컴퓨터 모델이나 고전적 신경과학으로는 설명할 수 없다고 보았습니다. 대신 그는 양자역학의 핵심 개념인 파동 함수의 붕괴에 주목했습니다.

파동 함수란, 하나의 대상이 여러 상태를 동시에 지니는 중첩 상태를 수학적으로 표현한 것입니다. 이 상태는 관측이 이루어지거나 특정 조건이 충족될 때, 하나의 현실로 선택되듯 붕괴합니다. 펜로즈는 바로 이 붕괴가 일어나는 찰나에 주관적 의식이 발생한다고 보았습니다. 마치 현실이 수많은 가능성 중 하나를 스스로 선택하는 순간, 그 틈새에서 의식이라는 경험이 피어난다는 것입니다.

이러한 발상은 양자역학의 가장 유명한 사고 실험인 슈뢰딩거의 고양이로 쉽게 이해할 수 있습니다. 상자 안에 고양이와 방사성 물질이 들어 있다고 가정해 봅시다. 이 물질이 붕괴되었는지는 상자를 열어 측정하기 전까지는 알 수 없습니다. 그 결과, 측정 이전의 고양이는 살아 있으면서 동시에 죽어 있는 상태, 즉 중첩 상태에 놓여 있다고 설명됩니다.

이 사고 실험이 보여 주는 핵심은 단순합니다. 관측이 이루어지기 전까지 현실은 하나로 확정되지 않는다는 것, 그리고 측정이라는 행위가 그 가능성들 중 하나를 선택해 현실로 만들어 낸다는 점입니다. 이것이 바로 고전적 직관과 정면으로 충돌하는 양자적 사고의 본질입니다.

해머로프는 이러한 양자적 특성이 단지 미시 세계의 추상적인 현상에 머무르지 않고, 인간의 뇌 속에서도 작동할 수 있다고 주장합니다. 그의 가설에 따르면, 의식은 뉴런 사이를 오가는 활동 전위의 결과로 뒤늦게 생겨나는 부산물이 아닙니다. 오히려 미세소관 내부에서 이루어지는 양자 수준의 정보 처리가 먼저 일어나고, 그 결과가 뉴런의 전기적 활동을 유도한다는 것입니다.

특히 해머로프가 주목한 단서는 마취제의 작용 방식입니다. 특정 마취제들은 뉴런의 전기 신호 자체를 차단하기보다는, 미세소관의 구조와 상호 작용 하면서 의식을 안정적으로 꺼뜨립니다. 이 사실은 의식의 유지에 미세소관이 핵심적인 역할을 하고 있을 가능성을 시사합니다.

그러나 이러한 주장에 대해 과학계의 반응은 대체로 회의적입니다. 양자역학은 극저온 환경에서나 안정적으로 구현되며, 실제 양자컴퓨터도 영하 273도에 가까운 온도에서 작동합니다. 따라서 평균 체온 37도의 인간 뇌가 양자 진동을 유지할 수 있을지에 대한 의문이 제기됩니다. 이러한 이유로 현재까지는 의식에 대한 양자적 접근이 과학계의 주류 이론으로 받아들여지지 못하고 있습니다.

그럼에도 불구하고 최근 연구들은 미세소관 내에서 양자 현상이 발생할 가능성을 제기하고 있습니다. 예컨대, 2023년 바브콕 등의 연구에서는 초복사라는 양자 현상이 미세소관을 이루는 단백질에서 관찰되었으며, 이는 미세소관 내부에 대규모 양자 얽힘이 존재할 수 있음을 시사합니다. 이러한 발견은 양자 현상이 생물학적 조건, 특히 뇌에서 유지될 수 있다는 새로운 가능성을 열어 주고 있습니다.

의식에 대한 양자적 접근은 아직 실험적 검증이 부족하고 논란의 여지가 많지만, 의식이라는 복잡하고 미묘한 현상을 설명하기 위한 흥미로운 시도임은 분명합니다. 다만, 양자 현상이 실제로 인간 의식에 어떤 방식으로 작용하는지는 아직 명확히 밝혀지지 않았습니다. 향후 연구를 통해 이론적 가설과 실험적 데이터 사이의 간극이 메워질 수 있을지 그리고 우리가 '의식'이라 부르는 현상을 물리학적으로 완전히 설명할 수 있을지, 그 귀추가 주목됩니다.

의식과 무의식 사이를 잇는 다리

✦

깊은 잠과 깨어 있음 사이에서 인간의 의식은 오랫동안 신비로운 경계에 머물러 있었습니다. 고대의 사제들은 낮은 목소리와 반복적인 손짓으로 사람들의 마음을 가라앉혔고, 병든 이들은 눈을 감은 채 내면의 세계로 들어가 치유를 기대했습니다. 바로 이 경계에서 최면이라는 독특한 기술이 탄생했습니다.

영어 hypnosis는 잠을 뜻하는 그리스어에서 유래했으며, 한자로는 잠을 유도한다는 의미를 담고 있습니다. 이름 그대로 최면은 잠과 깨어 있음의 중간 상태를 활용하는 기법으로, 인류의 종교 의식과 함께 수천 년에 걸쳐 발전해 왔습니다. 이 과정에서 최면은 인간의 의식과 무의식을 탐구하는 도구로 사용되었고, 때로는 질병이나 심리적 장애를 완화하는 치유의 수단으로도 활용되었습니다.

문헌으로 확인되는 최면에 대한 가장 이른 기록은 1027년, 페르시아의 철학자이자 의사였던 이븐 시나(아비센나)가 집필한 『치유의 서』에서 찾아볼 수 있습니다. 그는 최면 상태의 특징과 치료적 가능성을 설명하며, 이를 신비가 아닌 의학적 관점에서 이해하려 했던 선구자였습니다.

그러나 최면의 뿌리는 이보다 훨씬 더 깊습니다. 약 3,000년 전 고대 이집트에서는 병을 고치기 위해 잠의 사원을 찾았고, 그곳에서 의식적인 최면 치료와 유사한 의례가 행해졌다는 기록이 남아 있습니다. 비록 오늘날과 같은 과학적 이론은 없었지만, 인간이 의식의 경계를 활용해 마음과 몸에 영향을 줄 수 있다는 통찰은 이미 오래전부터 존재했던 셈입니다.

기원전 1550년경에 작성된 이집트의 의학 문서 「에베르스 파피루스」에는 흥미롭게도 세 종류의 치료자가 등장합니다. 의사, 사제 그리고 마술사입니다. 이 가운데 특히 마술사는 오늘날의 최면 치료자와 닮은 역할을 했던 존재로 볼 수 있습니다. 이들은 병을 직접 치료하기보다는, 환자의 마음을 움직이고 안정을 주는 인물로 묘사됩니다.

이들은 약물뿐 아니라 손짓, 주문, 말 등을 통해 환자의 상태를 변화시키려 했으며, 이는 최면의 초기 형태로 볼 수 있습니다. 고대 이집트의 의학은 실용적인 기술과 마법적 주문, 의식이 결합된 형태였으며, 환자들은 이러한 주술적 치료가 효과가 있다고 믿었습니다.

기원전 3세기경에 작성된 또 다른 이집트 파피루스에는 놀랍게도 오늘날의 최면 유도법과 매우 닮은 기법들이 기록되어 있습니다. 눈을 한 지점에 고정하게 하거나, 특정 소리를 반복적으로 들려주고, 가벼운 신체 자극을 통해 시선을 집중시키는 방법 등이 그것입니다. 이런 방식들은 현대 최면 기법과 거의 다르지 않습니다.

고대 그리스에서도 최면은 의학과 종교의 경계에서 활용되었습니다. 예술 작품 속에는 의술의 신 케이론이 제자 아스클레피오스를 깊은 몰입 상태로 이끄는 장면이 묘사되어 있으며, 히포크라테스 역시 최면을 질병 치료에 활용할 수 있는 방법으로 탐구한 것으로 전해집니다.

이처럼 최면은 고대 이집트와 그리스에서 인간을 치유하는 중요한 수단으로 자리 잡았습니다. 그러나 시간이 흐르면서 최면은 점차 과학적 연구의 대상에서 멀어지고, 신비롭고 설명하기 어려운 현상으로만 여겨지게 됩니다. 그 결과, 오랫동안 체계적인 탐구는 멈춘 채, 신비주의의 영역에 머무르게 되었던 것입니다.

이후에도 최면은 다양한 문화권에서 독자적으로 발전해 왔습니다. 인도에서는 요가와 명상과 결합되어 깊은 수면 상태를 유도하는 기술로 사용되었으며, 고대 힌두교에서는 사원 수면이라 불리는 자기 유도 최면을 통해 질병을 치료했습니다.

중국에서는 침술과 기공 같은 신체 자극 중심의 기술과 결합해 최면이 발전했습니다. 특정 부위를 자극함으로써 의식 상태를 변화시킨다는 점에서, 이는 몸을 통해 마음에 접근하는 독특한 방식이라 할 수 있습니다.

한편 오스트리아나 아일랜드 등 유럽의 여러 지역에서는 종교 수행자들이 최면과 유사한 상태를 기도와 연결 지어 이해했습니다. 이들에게 깊은 몰입 상태는 신과 가까워지는 통로였고, 초자연적 체험의 일부로 여겨졌습니다.

이처럼 샤먼과 주술사, 종교 지도자들은 최면을 영적 의식의 핵심 도구로 활용해 왔습니다. 이러한 역사적 배경 때문에 최면은 오랫동안 신비롭고 마법적인 현상으로 여겨졌고, 그 흔적은 오늘날까지도 최면을 둘러싼 여러 미신과 오해로 남아 있습니다.

하지만 현대에 들어 최면은 점차 과학의 영역으로 옮겨 왔습니다. 현재 최면은 심리 치료, 통증 관리, 스트레스 조절, 습관 교정 등 다양한 분야에서 실제적인 효과를 인정받으며 활용되고 있습니다. 그럼에도 불구하고 최면의 뿌리는 여전히 고대의 신비와 맞닿아 있습니다. 이는 최면이 단순한 기술이나 요령이 아니라, 인간의 의식과 마음이 어떻게 작동하는지를 깊이 이해해야만 다룰 수 있는 영역임을 시사합니다.

결국 최면은 우리 내면의 문을 여는 열쇠입니다. 그 문 너머에는 억눌린 감정, 잊힌 기억 그리고 아직 발견되지 않은 자아의 일부가 존재합니다. 최면은 그 세계로 들어가는 안내자며, 그 여정은 우리를 더 깊은 자기 인식과 치유로 이끌어 줍니다.

하지만 최면은 언제나 긍정적인 결과만을 보장하지는 않습니다. 일부 사례에서는 최면이 오히려 불안을 증폭시키거나, 환자가 치료자에게 과도하게 의존하게 만드는 부작용이 보고되었습니다. 따라서, 최면은 신비적 의식이 아니라, 과학적 탐구와 임상적 검증 속에서 신중히 활용해야 하는 심리적 기법이라 할 수 있습니다.

최면의 역사와 현대적 재조명

✦

인류는 오래전부터 의식의 가장 깊은 곳에 숨겨진 세계를 들여다보고자 하는 욕망을 품어 왔습니다. 그러나 그 탐구는 오랫동안 종교적 신념과 신비주의의 장막 속에 가려져 있었습니다. 고대 문명에서 중세에 이르기까지, 사람들은 꿈과 무의식, 직관처럼 눈에 보이지 않는 정신의 작용을 신비롭고 초월적인 것으로 여겼고, 이를 과학의 대상이라기보다 신화나 초자연적 체험으로 받아들였습니다.

하지만 시간이 흐르면서 인간 정신을 이해하려는 시도는 점차 이성적이고 체계적인 방향으로 나아가기 시작했습니다. 보이지 않는 마음의 작용을 신의 영역에만 맡기지 않고, 관찰과 설명의 대상으로 삼으려는 움직임이 나타난 것입니다. 이 과정에서 의식과 무의식의 경계를 탐색하는 도구였던 최면은 서서히 신비의 베일을 벗고, 과학적 연구의 대상으로 자리 잡게 됩니다.

현대 최면 요법의 출발점은 18세기 후반 프랑스의 의사 메스머에게서 찾을 수 있습니다. 메스머는 동물자기라는 개념을 제시하며, 인간의 몸에는 눈에 보이지 않는 자기력이 흐르고 있고, 이 힘의 균형이 깨지면 질병이 발생한다고 주장했습니다. 이 생각은 17세기 독일의 학자 키르허가 제안한 개념에서 영향을 받은 것이었지만, 메스머는 이를 실제 치료에 적용하려 했다는 점에서 한 걸음 더 나아갔습니다.

그는 질병의 원인을 인체 내부의 자기 흐름이 막히거나 왜곡된 데서 찾았고, 자신의 강한 자기력을 환자에게 전달해 그 흐름을 회복시키면 병이 나을 수 있다고 믿었습니다. 처음에는 환자 한 사람씩 치료했지만, 그의 명성이 퍼지면서 여러 환자를 동시에 치료하는 집단 치료 방식을 도입했습니다. 이 시도는 훗날, 근대 서양 의학에서 최초의 집단 치료 사례로 평가받게 됩니다.

비록 메스머의 이론은 오늘날 과학적으로 받아들여지지 않지만, 그의 시도는 인간의 의식과 무의식을 체계적으로 다루려는 첫걸음이었고, 최면을 신비의 영역에서 과학의 문턱으로 끌어낸 중요한

전환점이었습니다.

메스머의 치료는 당시 유럽 사회에서 큰 반향을 일으켰고, 많은 사람에게 기적처럼 여겨졌습니다. 그러나 그의 이론은 과학계와 의학계에서 논란을 불러일으켰습니다. 1784년, 메스머는 프랑스 왕 루이 16세에게 자기 치료법의 타당성을 검증해 달라고 요청했고, 이에 따라 프랑스 아카데미는 특별조사위원회를 구성했습니다. 위원회에는 프랭클린, 길로탱, 라부아지에 등 당대 최고의 지식인들이 참여했습니다. 그들은 메스머의 치료 효과가 실제 자기력에 의한 것이 아니라 환자의 상상력과 기대감에서 비롯된 것이라고 결론지었습니다. 즉, 치료 효과 자체는 인정했지만, 이론적 배경에는 과학적 근거가 부족하다고 판단한 것입니다.

이로 인해 메스머는 과학적 정당성을 얻는 데는 실패했지만, 그의 활동은 최면에 대한 초기 관심을 끌어낸 중요한 전환점이 되었습니다. 그는 최면 현상 자체에 대한 과학적 이해는 부족했지만, 의료적으로 정신적 요인이 우리 몸에 영향을 줄 수 있다는 점을 최초로 활용한 인물로, 근대 정신 치료의 선구자로 평가받습니다. 또한 환자와의 관계, 기대, 암시 등이 치료 효과에 미치는 영향을 직관적으로 인식했다는 점에서 현대 심리 치료 이론의 기초적 개념을 포함하고 있었다고 볼 수 있습니다.

19세기 초반에는 최면 현상에 대한 보다 체계적이고 과학적인 접근이 시작됩니다. 인도에서 활동한 의사 에스다일은 최면을 마취 수단으로 사용해 여러 건의 외과 수술을 성공적으로 수행하며, 최면이 실제 의학적 적용이 가능함을 입증했습니다. 그는 수십 건의 고통 없는 수술 사례를 통해 최면의 잠재력을 알렸고, 최면은 의학적 치료 수단으로 점차 인정받기 시작했습니다.

또한, 신부 파리아는 자석이나 우리 몸 접촉 없이도 언어적 유도와 피험자의 집중만으로 의식 상태를 변화시킬 수 있음을 시연하며, 최면의 본질이 외부의 힘이 아닌 피험자의 심리적 상태에 있다는 점을 강조했습니다. 이는 최면을 초자연적 현상이 아닌 심리학적으로 이해하려는 흐름의 시작이었습니다.

20세기에는 다양한 최면 기술이 개발되었고, 특히 미국과 유럽에서는 임상 심리사와 정신과 의사들을 중심으로 최면의 효과에 대한 연구가 활발히 이루어졌습니다. 불안, 공황, 트라우마, 중독, 통증 관리 등 정신적·우리 육체적 질환 치료에, 최면은 보조적·치료적 도구로 사용되기도 했습니다.

현대에 들어서면서 최면은 치료 목적을 넘어 일상생활의 다양한 영역에 응용되고 있습니다. 예를 들어, 운동선수의 경기력 향상, 시험 전 불안 해소, 금연·다이어트 같은 습관 교정, 자기 계발 및 동기 부여 등에서 최면은 인간의 내면 자원을 활성화하는 심리적 도구로 활용되고 있습니다. 또한 스트레스 관리, 집중력 향상 등 비의료적 분야에서도 활용되고 있습니다.

최면의 효과를 뒷받침하는 연구들은 설득력을 가지고 있지만, 모든 의사가 이를 수용하는 것은 아닙니다. 많은 의과대학에서는 최면에 대한 교육이 이루어지지 않고 있으며, 정신 건강 전문가들 역시 반드시 관련 훈련을 받는 것은 아닙니다. 더불어 최면의 활용에는 윤리적·법적 고려가 필요합니다. 특히 최면 상태에서의 암시는 기억을 왜곡하거나 부정확한 회상을 유도할 수 있어, 법적 진술의 신빙성에 문제가 제기됩니다. 이러한 이유로 많은 국가에서는 최면을 수사나 법정 증언 도구로 사용하는 것을 금지하고 있으며, 효과와 안전성을 고려해 전문가의 엄격한 통제하에서만 활용을 허용하고 있습니다.

작가처럼 이야기를 구성한다

✦

형사는 피해자를 조용한 조사실에 앉히고, 최면 전문가와 함께 안전한 분위기 속에서 기억을 되짚는 과정을 시작합니다. 처음에는 긴장한 피해자가 눈을 감고 전문가의 부드러운 목소리에 귀를 기울이면, 조금씩 마음이 차분해집니다.

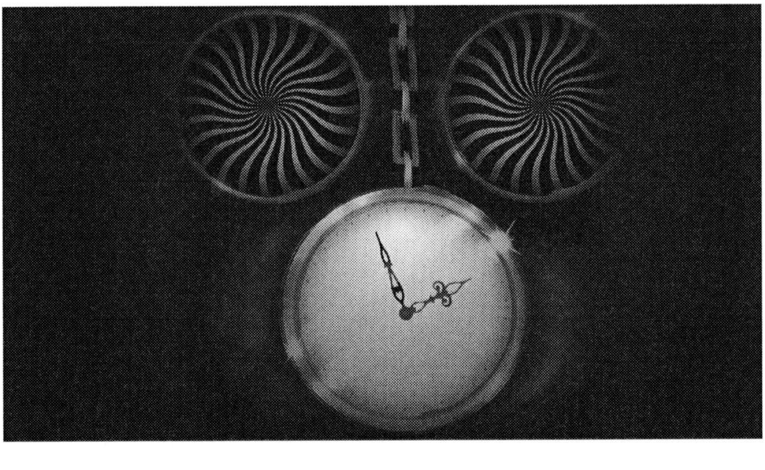

피해자의 의식은 사건이 일어난 날로 자연스럽게 돌아갑니다. 어두운 골목길, 발소리, 뒤에서 다가오는 그림자, 낮게 웃는 낯선 목소리, 손에 들린 반짝이는 물체 같은 장면이 하나씩 떠오릅니다. 형사는 피해자가 이 순간을 더 자세히 떠올릴 수 있도록 살짝 유도하며, 중요한 단서를 조심스럽게 끌어냅니다. 예를 들어, 범인이 입고 있던 검은 코트, 독특한 말투, 손에 들고 있던 물건 같은 세세한 정보가 기억 속에서 다시 살아납니다.

최면 상태에서 피해자는 당시에 느꼈던 공포와 긴장도 함께 경험하지만, 형사의 안내 덕분에 안전하게 기억을 따라갈 수 있습니다. 이렇게 얻어진 단서는 수사의 중요한 실마리가 되어, 사건 해결의 단초가 됩니다.

이처럼 사람들은 흔히 최면을 현재의 문제와 관련 있는 사건을 되살리는 과정으로 생각하곤 합니다. 즉, 실제든 상상이든, 사건이 일어난 시점으로 마음이 돌아가는 것으로 이해합니다. 또 다른 오해로, 최면 상태를 의식이 완전히 사라지고, 최면사의 말이라면 무조건 따르는 상태로 생각하기도 합니다.

하지만 이런 인식은 대부분 영화나 드라마, TV 프로그램 등 대중매체에서 과장된 장면이 반복적으로 등장하면서 생긴 편견입니다. 실제 최면은 훨씬 안전하며, 사람의 의식이 완전히 사라지지 않고, 자신이 원치 않는 행동을 강제로 시키는 것도 아닙니다.

실제로 최면은 명상이나 요가, 마음 챙김과 비슷한 심리적 상태로 이해할 수 있습니다. 예를 들어, 책에 완전히 몰입하거나 운전 중 무심코 목적지에 도착했을 때처럼, 주의가 내면으로 향하고 외부 자극에 대한 반응이 잠시 줄어드는 순간이 있습니다. 이런 상태를 흔히 트랜스 상태라고 부릅니다.

트랜스 상태에서는 외부 세계가 희미해지고, 대신 내면의 의식이 더 선명해집니다. 이 순간은 무의식과 의식이 맞닿는 지점이기도 하여, 우리가 평소 쉽게 떠올리지 못하는 기억이나 감정을 접할 수 있는 기회가 되기도 합니다.

최면은 이러한 변형된 의식 상태를 의도적으로 유도하고 활용하는 심리적 기법입니다. 이는 단순한 혼수나 무의식 상태가 아니라, 각성과 이완이 동시에 존재하는 복합적인 정신 작용이라 할 수 있습니다.

일부 연구에 따르면 최면 상태에서는 전두엽과 후두엽 간의 연결이 약화되고, 감각 정보 처리에 대한 억제가 일어나는 것으로 관찰됩니다. 전두엽은 논리적 사고와 자기 통제를 담당하는 영역으로, 이 활동이 감소하면 외부 암시에 더욱 민감해질 수 있습니다. 동시에 후두엽을 포함한 시각적 처리 영역의 활성 변화로 인해 피험자는 상상의 이미지나 비현실적인 감각을 실제처럼 경험하기도 합니다.

이렇듯 최면은 기억, 감정, 무의식의 이미지들을 떠올릴 수 있는 심리적 통로를 제공합니다. 그러나 이 통로가 언제나 진실만을 비추는 것은 아닙니다. 일부 연구는 최면 중 회상된 기억이 실제로는 일어나지 않았던 사건이나 세부 사항을 포함하는 거짓 기억으로 이어질 수 있음을 보여 줍니다. 이는 인간의 기억이 절대적 사실의 저장소가 아니라 당시의 감정, 이후의 해석, 현재의 관점이 복합적으로 작용하여 지속적으로 재구성되는 심리적 구성물이라는 사실과 관련됩니다.

예를 들어, '뇌는 비디오처럼 모든 장면을 정확히 저장하지 않고,

한 사람의 작가처럼 이야기를 구성한다'라는 표현처럼, 우리가 기억이라고 부르는 것조차도 진실과 해석이 뒤섞인 의미의 서사에 가깝습니다. 그렇기에 최면 상태에서 떠오른 기억이나 이미지를 절대적 진실로 간주하는 것은 위험할 수 있습니다. 실제로 국내 형사소송법 체계에서는 최면 진술만으로는 증거 능력이 인정되지 않으며, 반드시 추가적인 독립적 증거가 필요해 법적이나 윤리적 문제로 이어질 수 있습니다.

하지만 이것이 최면의 유효성을 부정하는 것은 아닙니다. 최면은 기억을 정확히 되살리는 도구라기보다는, 내면의 감정과 경험을 탐색하고 심리적 통찰을 얻는 창으로 이해하는 것이 바람직합니다. 무의식에 접근하는 이 과정을 통해 우리는 종종 감정의 뿌리를 발견하고, 억눌렸던 심리적 고통의 실체를 마주하게 됩니다. 그 순간, 말로 설명되지 않았던 불안이나 슬픔의 근원을 이해하고, 감정적 치유의 실마리를 찾을 수 있습니다.

따라서 최면은 단순히 신비롭고 비현실적인 현상이 아니라, 의식과 무의식 사이를 탐색하는 심리 기법의 하나입니다. 최면을 통해 우리는 스스로를 더 깊이 이해하고, 내면에 자리한 정서적 문제를 다루는 데 도움을 받을 수 있습니다. 다만 그 과정에서 떠오른 기억이나 상징적 이미지에 대해서는 언제나 비판적 사고와 균형 잡힌 시각을 유지하는 것이 중요합니다.

결국 최면은 기억을 되살리는 도구라기보다 인간 내면을 비추는 거울과 같은 역할을 합니다. 그리고 그 거울 속에서 우리가 잊고 지냈던 감정, 진심, 혹은 어린 시절의 자신을 다시 만날 수도 있습니다. 그것은 단지 기억의 회복이 아니라, 자기 자신에 대한 보다 깊은 이해로 이어지는 여정일 수 있습니다.

그러나 이러한 긍정적 가능성에도 불구하고, 최면은 기억을 정확히 복원하는 방법으로는 한계가 뚜렷합니다. 최면 상태에서 회상된 경험은 암시와 상상에 의해 왜곡될 수 있으며, 실제 사실과 혼동될 위험이 있습니다. 따라서, 최면을 무조건적인 진실의 통로로 받아들이기보다는 인간 내면을 탐구하는 하나의 심리적 기법으로 이해하는 것이 바람직합니다.

찻잔도 없고 시계도 없다

✦

최면이라는 단어를 들으면 많은 사람의 머릿속에는 영화나 TV 속 장면이 자연스럽게 떠오릅니다. 예컨대, 영화 〈겟 아웃〉에서 캐서린 키너가 찻잔을 두드리며 남자를 무의식의 세계로 끌어들이는 장면, 혹은 회중시계를 좌우로 흔드는 심리치료사의 모습이 떠오를 수 있습니다. 그러나 현실의 최면은 이러한 극적인 연출과는 사뭇 다릅니다. 실제 최면 치료에서는 찻잔을 두드리거나 시계를 흔드는 마술사는 등장하지 않습니다.

현실의 최면 치료는 훨씬 더 섬세하고 조화로운 과정입니다. 치료사는 내담자가 긴장을 풀고 마음을 집중할 수 있도록 호흡, 명상, 이미지화 등의 기법을 안내합니다. 최면은 일반적으로 유도, 심화, 제안, 출현이라는 네 단계로 구성되며, 각 단계는 유기적으로 연결되어 내담자의 내면을 향한 여정을 이끕니다.

첫 번째 단계인 유도는 내담자가 치료사의 안내에 따라 몸과 마음의 긴장을 풀고 의식을 집중하며 점차 최면 상태로 진입하는 과정입니다. 이 단계는 몇 초에서 10분 이상 걸릴 수 있으며, 핵심은 외부 자극에서 벗어나 내면의 고요함에 닿는 것입니다. 치료사는 다음과 같은 기법을 활용할 수 있습니다.

- 마음속 이미지나 특정 생각에 집중하도록 유도
- 느리고 조절된 호흡을 통해 긴장과 이완을 반복
- 우리 몸 감각에 대한 인식을 높여 집중력 강화

이어지는 심화 단계는 말 그대로 내담자가 더욱 깊은 이완 상태에 들어가도록 돕는 과정입니다. 유도가 마치 수영장의 얕은 물에 발을 담그는 것이라면, 심화는 몸 전체를 물속에 부드럽게 담그는 것과 같습니다. 치료사는 계단을 천천히 내려가는 상상, 푹신한 침대에 몸을 맡기는 이미지 등을 활용하여 내담자가 더 깊은 집중 상태에 도달하도록 돕습니다.

이러한 초기 두 단계는 다음 단계인 제안에서 내담자가 변화에 더욱 개방적으로 반응할 수 있도록 준비시키는 데 핵심적인 역할을 합니다. 제안 단계에서는 내담자가 자신의 문제 행동이나 감정을 새로운 방식으로 접근할 수 있도록 상상의 시나리오를 통해 체험을 유도합니다. 내담자는 마치 실제 상황처럼 상상 속 사건들을 경험하며, 이를 통해 무의식적인 반응이나 행동 패턴을 재구성할 수 있습니다.

제안의 유형은 내담자의 성향과 문제에 따라 다양합니다. 예를 들어:

- 금연, 공포증 극복 등 구체적인 행동 변화
- 자존감 향상, 직업 스트레스 완화 등 정서적 변화

이 과정에서 치료사는 정교하게 설계된 언어와 이미지로 내담자가 더 긍정적이고 유익한 방식으로 생각하고, 느끼고, 행동할 수 있도록 부드럽게 이끕니다.

마지막 단계인 출현은 최면 상태에서 일상적인 의식 상태로 자연스럽게 돌아오는 과정입니다. 최면에 들어가는 것이 조용한 수면 아래로 가라앉는 것이라면, 출현은 그 수면 위로 다시 떠 오르는 것과 같습니다. 치료사는 내담자에게 계단을 올라가는 모습이나 이불을 걷고 침대에서 일어나는 이미지를 떠올리도록 유도하여, 최면 상태에서 부드럽고 안정적으로 빠져나올 수 있도록 돕습니다.

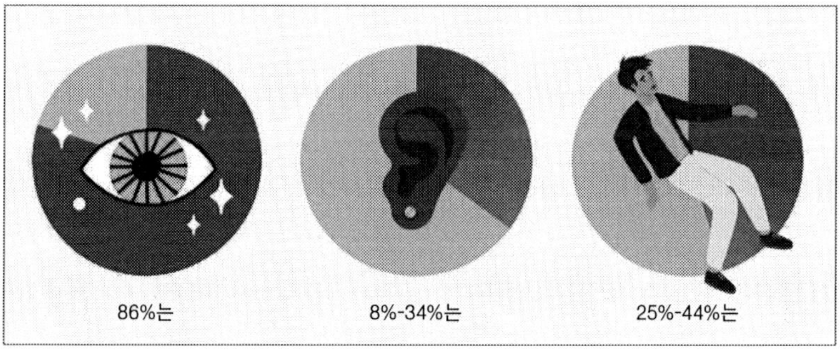

많은 사람은 최면에 걸리면 의식을 잃거나 잠이 든다고 오해하지만, 이는 사실과 다릅니다. 실제로 대부분의 내담자는 최면 중에 일어나는 모든 일을 기억하며, 최면 상태에서도 자신의 생각과 행동을 스스로 통제할 수 있습니다. 이때 내담자가 경험하는 환상은 수면 중 환상과 유사합니다. 수면 중에는 움직이는 형체나 색깔, 동물이나 사람의 이미지를 보는 시각적 환상이 가장 두드러지게 나타납니다. 이어서, 무중력 상태에 있는 듯하거나 날아다니는 느낌을 주는 신체적 환상 그리고 종소리나 사람의 목소리가 들리는 청각적 환상을 경험하기도 합니다.

최면은 수동적으로 조종당하는 상태가 아니라, 오히려 매우 능동적인 과정입니다. 내담자는 자기 삶에 긍정적인 변화를 만들기 위해 깊이 집중하고, 주체적으로 사고하며, 자기 내면과 적극적으로 상호 작용 합니다. 결국 최면은 단순한 트릭이나 신비로운 체험이 아니라 심리적 문제를 해결하고 긍정적인 행동 변화를 유도하는 하나의 심리 치료 도구입니다.

공황장애 완화 최면 리딩 만들기

✦

인트로(배경: 어두운 밤하늘, 부드러운 심장 박동 소리)

"지금, 당신은 안전한 공간에 있습니다. 눈을 감고, 천천히 숨을 들이마시고 내쉬어 보세요. 들이마실 때마다 맑은 공기가 당신을 감싸고, 내쉴 때마다 불안이 조금씩 사라집니다."

유도(배경: 흐르는 물, 잔잔한 파도 소리)

"당신의 몸은 점점 더 편안해지고, 마음은 고요해집니다. 외부의 자극은 멀어지고, 당신은 자신만의 평온한 내면으로 들어갑니다. 마치 부드러운 안개 속을 걷는 듯, 지금 당신은 그 어떤 위협으로부터도 자유롭습니다."

리딩(배경: 따뜻한 빛, 안정적인 리듬)

"당신은 지금 이 순간, 완전히 안전합니다. 당신의 몸은 당신을 지지하고, 당신의 마음은 당신을 보호합니다. 불안은 지나가는 감정이며, 당신은 그것을 다룰 수 있는 능력을 가지고 있습니다. 공황은 단지 일시적인 파도일 뿐, 당신은 그 파도를 넘을 수 있는 힘을 가지고 있습니다. 당신은 자신을 믿고, 그 믿음은 당신을 더 안정된 상태로 이끌 것입니다."

종결(배경: 아침 햇살, 새소리)

"이제 천천히 현실로 돌아올 준비를 합니다. 하나, 몸이 가벼워집니다. 둘, 마음이 맑아지고 자신감이 차오릅니다. 셋, 눈을 뜨고, 평온하고 안정된 상태로 돌아옵니다. 당신은 지금 완전히 깨어 있고, 공황이라는 감정 속에서도 자신을 지킬 수 있는 힘을 가지고 있습니다."

배경 이미지 추천

- 어두운 밤하늘에 별이 반짝이는 풍경: 안전하고 고요한 느낌
- 부드러운 안개 속 숲길: 시각적 차단과 내면 집중 유도
- 따뜻한 조명 아래의 방 안 풍경: '안전한 공간' 이미지화
- 심장 박동을 형상화한 추상 이미지: 감정과 연결된 시각적 리듬
- 파도가 잔잔하게 밀려오는 해변: 공황의 파도 이미지를 시각적으로 대응

음악 추천

- Marconi Union- Weightless → 실제로 불안 감소 효과가 입증된 음악(심박수, 혈압 안정화)
- Steven Halpern- Deep Alpha → 알파파 유도, 공황 완화에 적합한 주파수 기반 음악

- Nature Sound Retreat- Calm Ocean Waves → 공황 리딩의 '파도' 이미지와 연결되는 자연 소리
- Binaural Beats(Theta or Alpha range) → 집중과 이완을 동시에 유도하는 뇌파 음악

영상 제작 팁:

- 자막은 부드러운 흰색 또는 연한 금색, 배경과 대비되도록 설정
- 페이드 인/아웃 효과로 장면 전환을 부드럽게
- 음악은 -20dB 이하로 설정해 내레이션을 방해하지 않도록 조절

참고 사이트

✦

1부_생명의 진화와 탄생

- https://stock.adobe.com/search.k=%22fish+eye
- https://blogs.cuit.columbia.edu/postdocsociety/2021/07/09/octopus-embryo-neurons-travel/
- https://en.wikipedia.org/wiki/Abiogenesis#/media/File:Origin_of_life_stages.svg
- https://www.livescience.com/59396-plants-use-brainlike-structures.html
- https://phys.org/news/2015-11-species-darwinian-evolution.html
- https://biocytogen.com/blogs/nobel-2025-regulatory-t-cells-and-immunotherapy
- https://fjps.springeropen.com/articles/10.1186/s43094-023-00526-9
- https://www.carlsonstockart.com/photo/protozoa-diversity-protists-unicellular-illustration/
- https://mse.utoronto.ca/news/could-a-virtual-slime-mould-design-a-better-subway-system/
- https://spmoon.com/wp-content/uploads/2020/04/5Capture-644x476.png

- https://news.vanderbilt.edu/2016/06/13/study-gives-new-meaning-to-the-term-bird-brain/
- https://oceanconservancy.org/wp-content/uploads/2018/09/school.jpg
- https://medium.com/illumination/the-evolution-of-consciousness-part-2-3fcbb7cbf2f3
- https://therapymantra.co/relationship/relationship/

2부_뇌의 연결 고리

- https://writerandthebrain.substack.com/p/barton-college-lecture
- https://www.shutterstock.com/ko/image-vector/synapse
- https://www.medicine.lu.se/article/his-interest-natural-products-led-nobel-prize
- https://www.mdpi.com/2073-431X/10/9/108
- https://www.healthymindpsychology.co.uk/blog/meet-your-frontal-cortex/
- https://www.sztv.com.cn/ysz/zx/zw/78819957.shtml
- https://www.nature.com/articles/s41598-021-83325-7
- https://www.dreamstime.com/human-senses-five-infographics-picture-simply-using-best-projects-making-new-products-also-available-very-scalable-image164726741
- https://www.dreamstime.com/illustration/sleepwalking-kid.html
- https://www.edubloxtutor.com/split-brain-experiments/
- https://psychapprentice.weebly.com/psychology-lexicon/split-brain
- https://peakd.com/science/@jaichai/kicking-around-ideas-with-vimukthi-a-scary-smart-and-awesome-dude
- https://natlib.govt.nz/records/35216861
- https://rehametrics.com/en/spatial-neglect/
- https://selfhelp.combatstress.org.uk/ptsd/page1.php
- https://www.researchgate.net/figure/Average-CMRglc-mmoL-g-per-minute-by-condition-14-patients-in-VS-UWS-21-patients-in_

fig4_266681071

- https://scitechdaily.com/where-does-consciousness-reside-in-the-brain-new-discovery-helps-pinpoint-its-location/
- https://www.northwell.edu/news/the-latest/pet-ct-scan-cancer-imaging-center-phelps-hospital

3부_정의와 철학적 논의

- https://www.bbc.com/audio/play/p08l6mcs
- https://2012books.lardbucket.org/books/creating-literary-analysis/s07-03-focus-on-sigmund-freud-1856-19.html
- https://t3.ftcdn.net/jpg/02/47/47/24/360_F_247472479_YedygssJAOfiHxG369DR7sV5BRL1Rf3p.jpg
- https://thedecisionlab.com/biases/priming
- https://img.freepik.com/premium-photo/brainstorming-idea-blub_1047962-503.jpg
- https://www.clmsleep.com/light-sleep/
- https://neuroscience.cam.ac.uk/first-map-of-wireless-communication-in-the-nervous-system/
- https://medium.com/what-matter-feels/it-may-seem-weird-but-it-is-a-scientific-framework-for-studying-consciousness-3aade3c99e03
- https://obtaineudaimonia.com/platos-allegory-cave-2016
- https://globalmindscollective.com/blogs/news/the-power-to-choose-your-thoughts.srsltid=AfmBOorQiq72BulAYKyYDMtYMDPfnUZVxXnFZb_N5JEtbTmrzyF-7bwR
- https://caffeaiello.us/wp-content/uploads/2021/06/Describing-coffee-aroma-and-roundness.jpg

4부_기술적 전망과 최면

- https://www.freepik.com/premium-photo/recharge-your-brains-

papercut-head-with-connected-charger-pink-background_267025739.htm
- https://filoyvalores.wordpress.com/2019/10/24/funes-el-memorioso/
- https://www.reddit.com/r/DrakeTheType/comments/1gjzap5/drake_the_type_of_saddened_samuel_to_eat_an/
- https://www.researchgate.net/figure/nformation-bits-Energy-and-Consciousness-IEC_fig4_356069073
- https://medicaldeviceregistry.com/medical-device/neuralink-decoding-the-hype-behind-the-brain-chip/
- https://www.fusfoundation.org/posts/a-new-focused-ultrasound-tool-to-activate-deep-brain-neurons/
- https://petapixel.com/2024/05/13/groundbreaking-images-reveal-the-human-brain-at-nanoscale-resolution/
- https://interestingengineering.com/lists/ai-machine-learning-neural-networks
- https://opentheory.net/wp-content/uploads/2018/06/Screen-Shot-2018-06-03-at-3.13.22-PM.png
- https://www.cell.com/neuron/fulltext/S0896-6273%2824%2900088-6
- http://www.chemon.co.kr/website/06web02.php.id=620
- https://nazology.kusuguru.co.jp/wp-content/uploads/2022/04/51528f077f63e477920cdd169c22b06a.png
- https://br.pinterest.com/pin/the-ebers-papyrus-medicomagical-beliefs-and-treatments-revealed-in-ancient-egyptian-medical-text--1027594839947401125/
- https://www.iflscience.com/is-hypnosis-real-heres-what-science-has-to-say-74109
- https://ar.inspiredpencil.com/pictures-2023/franz-mesmer
- https://www.sleepfoundation.org/how-sleep-works/hypnopompic-hallucinations